Das Wasserbauprojekt der Drei Schluchen ist das größte Wasserbauprojekt auf der Welt

Das Drei-Schluchten -Wasserbauprojekt Chinas

Chefredakteur: Lu Jin

YANGTZE-FLUß VERLAG

Traum von Drei-Schluchten wird verwirklicht (Vorwort)

Der Yangtze-Fluß entspringt von südwestlicher Seite des Hauptgipfels, Geladong-Schneeberg zur Tanggula-Kette von der als "Dach der Welt" genannten Qinghai-Tibet-Hochebene. Mit einer Gesamtlänge von 6300km und dem Einzugsgebiet von 1,800,000 km2, dies macht 1/5 der Gesamfläche Chinas ausmacht, durchquert er mit über hundert Nebenflüßen und Strömen zusammen 11 Provinzen, Städte und autonome Gebiete in China. Die Einwohner hier in seinem Einzugsgebiet schaffen heute noch den Wert, dar 40% der gesamten Werte Chinas ausmacht. Der Yangtze-Fluß ist der erste gooßte Fluß in China und auch der dritte großte Fluß in der Welt.

Seit seiner Entstehung hat der Yangtze-Fluß eine Geschichte von 0.2Mrd.Jahren. Eristgleich wie der gelbe Fluß als die Wiege der chinesischen Nation und als der Urspungsort altertümlicher Kultur bezeichnet. Der in den neuen Jahrhundert trettende Yangtze-Fluß zeigt sich überall voll von Lebenskraft und glänzt mit der Anmut majestätisch im Ost der Welt. Um die starke Triebkraft für Verwirklichung der großen Wiedererstehung chinesicher Nation im neuen Jahrhundert bereitzustellen, führen die Chinesen ein herrliches Projekt bei den Drei-Schluchten des Yangtze-Flußes durch.

Am 1. Juni. 2003 wurde die Wasserspeicherung im Stausee zu Wasserbauschlüßelanlage bei Drei-Schluchten Yangtz-Flußes, die das Aufmerksamkeit der Welt auf sich lenkt, begonnen, indem die Schleusen geöffnet werden. Nach kurzen 10 Tagen haben die Drei-Schluchten eine grundlegende Änderung vorgenommen und sich in einen riesigen künstlichen See verwandelt. Am 6. Jun. wurde die Probeschiffahrt durch ständige fünfstufige Doppelweg-Schiffsschleuse zu Drei-Schluchten-Projekt erfolgreich duchgeführt. Im Juli des gleichen Jahres erzeugten die erste Serie von Generatorenaggraten offiziell in der Verbindung mit Netz die Elektrizität. Dieses alles kennzeichnet, daß das Drei-Schluchten-Projekt nach dem zehnjährigen harten Kampf in die Entenzeit tritt.

70 Jahre geträumt, 50 Jahre geplant, 30 Jahre begründet, wird so das Drei-Schluchten-Traum verwirklicht. Abgerechnet von Drei-Schluchten-Traum Sun Yatsen's 1919 hat das Drei-Schluchten-Projekt in den kurzen 86 Jahren die Aufmerksamkeit zahlreicher berühmten Persönlichkeiten im In- und Ausland auf sich gelenkt und soviel atemberaubende Beweisführungen hervorgerufen und auch mehre bewegenden Geschichten geschafft. Die ganze Welt im Blick, gibt es keine der großen Wasseerbauanlagen, die wie das Drei-Schluchten-Projekt nervös macht. Warum? der Grund ist einfach, weil der dem Drei-Schluchten-Projekt gezollte Tribut zu groß und zu schwer ist. So kann man sagen, daß es in der Historie der Menschheit beispiellos ist. Das Drei-Schluchten-Projekt hat das von Gottes Hand geschaffene Meisterwerk, die stattlichen Drei-Schluchten durch die Steigerung von Wasserstandard auf 175m zu einem riesigen Reservoir mit einem Fassungsvermögen von von 39.3Mrd m3 gemacht. Überschwemmt werden sollen die historischen Spuren der chinesischen Zivilation, 28, 000ha von Akerboden, Obstgarten, Waldland. Für das ganze Projekt sollen Millionen Einwohner umsiedeln und soll das Geldmittel von unvorstellbarer Zahl benötigt werden.

Zweifellos können wir jetzt die Zukunft, die das Drei-Schluchten-Projekt bringen wird, klar sehen. Das chinesische Volk braucht das Drei-Schluchten-Projekt wirklich. In häufiger von dem Hochwasser heimgesuchter China können wir nicht jährlich vor dem schwachen Damm mit unseren persönlichen Körpern unter der wehenden Rot-Fahne das Hochwasser eindämmen; Heute, wann die große Wiedererstehung der chinesischen Nation die Energie braucht, können wir nicht ertragen, daß das im tausend Mailen ungehindert dahinströmenden Yangtze-Wasser geborgene risiege Potential spurlos verschwindet; zu dieser historischen Zeit, daß die Erschließung des Westens und des Wirtschaftstreifens von Yangtze-Fluß das Schiksal des chinesischen Drachens entscheidet; darf der durch Mitte und Westen Chinas querende goldene Wasserlauf nicht wegen natürliches Hindernises langsam vorankommen, dies ist doch der Grund, warum das Drei-Schluchten-Projekt nach ca. hundertjähriger Verbesprechung endlich verwirklicht werden kann. Angesichts dieser Änderung der Drei-Schluchten des Yangtze-Flußes sind wir heute verpflichtet, dieses alles in Form des Bildbandes richtig aufzuzeichnen.

Und darrüber hinaus hat die große Wiedererstehung der chinesischen Nation die starke Triebkraft gewonnen. Glückwunsch für Drei-Schluchten, Glückwunsch für Bevölkerung in der Zone vom Drei-Schluchten-Projekt, Glückwunsch für Bauteinehmer an Wasserbauanlagen bei Drei-Schluchten. Wir sollen nicht vergessen, ohne sie, haben wir keines von heute!

Chronik wichtiger Ereignisse zu Errichtung der Wasserbauanlagen von Drei-Schluchten-Projekt

Wasserbauschlüßelanlage der Drei-Schluchten des Yangtze-Flußes

Inhalt

INHALT

Gesamtbild von Wasserbananlagen bei Drei-Schluchten des Yangtze-Flußes

Wasserbauschlüßelanlage bei Drei-Schluchten des Yangtze-Flußes

Auslaßdam von Wasserbananlagen bei Drei-Schluchten des Yangtze-Flußes

■ Wasserbauschlüßelanlage bei Drei-Schluchten des Yangtze-Flußes

Die Wolken und Rogen von Wu-Berg Wurde abgeschnitten

Wasserbauschlüßelanlage bei Drei Schluchten des Yangtze-Flußes

■ **Wasserbauschlüßelanlage bei Drei-Schluchten des Yangtze-Flußes**

Die welt von heute ist anderes als frühe

Wasserbauschlüßelanlage bei Drei-Schluchten des Yangtze-Flußes

Landschaft bei Nacht von Großdamm bei Drei-
Schluchten des Yangtze-Flußes

Wasserbauschlüßelanlage bei Drei-Schluchten des Yangtze-Flußes

Großartige Wasserbauanlage bei Drei-Schluchten des Yangtzeg-Flußes

Die Wasserbauschlüßelanlage bei Drei-Schluchten des Yangtzeg-Flußes ist ein strategisches Projekt für Regulierung und Erschließung des Yangtzeg-Flußes und integriert die Vorbeugung und Überwindung von Überschwemung, Stromerzeugung und Schiffahrt. Der Großdamm liegt in Sandouping von Stadt Yichang der Provinz Hubei und entfernt sich von erstellten Gezhouba- Wasserbauschlüßelanlage ca.40km. Als die gröte Wasserbauschlüßelanlage in der Welt kann die Wasserauschlüßelanlage bei Drei-Schluchten des Yangtze Flußes zur Zeit mit deren Normalwasserspecherungsstandard von 175m und einer Gesamtfassungskapazität von 39.3Mrd.Kubikmetern sowie einem nutzbaren Speicherinhalt für Hochwasserschutz von 22.15 Mrd Kubikmetern zu der Erhöhung des Bekämpfungsstandards gegen Hochwasser bei Flußabschnitt bei Jingjian beitragen, wodurch der Hochwasserschutzstandard von heute gegen das Hochwasser, wie es seit zehn Jahre einmal dagewesen ist, auf den gegen das, wie es seit hundert Jahre einmal dagewesen ist, erhöht werden kann. Die Werkhallen des Wasserkraftwerks als Bestandteil zu dieser Wasserbauanlage befinden sich auf beiden Seiten von Hochwasserabflußdamm und in denen werden 26 Generatorenaggrate mit Einzelkapazität von 700,000 kW und einer gesamten installierten Leistung von 18.2Mio.kW jährlich im Durchschnitt 84.68Mrd.kWh erzeugen. Durch Aufbau dieser Wasserbauanlage kann der Schiffahrtsweg mit einer Länge von 660km von Yichang nach Chongqing beträchtlich verbessert werden, und der Dampfer von 100,000t dtw kann direkt nach Chongqiing hinfahren. Für die Wasserbauschlüßelanlage bei Drei-Schluchten wurde ein vollständieges durchführbares Konzept nach jahrzehntelanger Planung, Untersuchung, wissenschaftlicher Forschung sowie Konstruktion und Beweisführung von mehreren Generationen Chinas vorgebracht. Im Jahre 1993 läuft das Wasserbauprojekt für Drei- Schluchten aus der Beweisführungperiode in die Durchführungperiode und hat am 14.Dez. 1994 seinen Beginn mit der Bauarbeit kundgegeben.

Die Wasserbauschlüßelanlage bei Drei-Schluchten besteht hauptsächlich aus Großdamm, Hochwasserabflußdamm, Wasserkraftwerk, fünfstufiger Doppelweg- Schiffsschleuse, Schiffheber sowie Schiffswege von Ober- und Unterlaufen. Die Bauzeit von Vorbereitung 1993 bis die volle Fertigstellung in 2009 wird 17Jahre dauern. Das Dei-Schluchten-Projekt wird in drei Bauphasen verwirklicht; die 1. Bauphase 1993-1997: Verwirlichung der Flußeindämmung; die 2. Bauphase 1998-2003: Verwirklichung der Wasserspeicherung im Stausee sowie Schifffahrt durch die fünfstufige Doppelweg-Schiffsschleuse und Stromerzeugung von erster Serie Generatorenaggregaten; die 3.Bauphase 2004-2009: Verwirklichung der Stromerzeugung aller Generatorenaggregate und Fertigstellung der ganzen Wasserbauschlüßelanlage.

Nach der Fertigstellung wird die Wasserbauschlüßelanlage bei Drei-Schluchten des Yangtze-Flußes den Beitrag in zehn Bereichen wie Vorbeugung und Überwindung gegen Überschwemung, Stromerzeugung, Schiffahrt, Zucht, Tourismus, Ökoschutz, Umweltreinigung, erschließende Umsiedlung, Durchführung der Politik “Wasser von Süden nach Norden leiten”, Waaserversorgung und Bewässerung leisten≠, dies ist unvergleichbar für alle Riesienkraftwerke in der Welt.

Damm aus Vogelperspektiv

Chronik wichtiger Ereignisse zum Aufbau der Wasserbauanlage bei Drei-Schluchten des Yangtze Flußes

1.Der Voläufer der chinesischen demokratischen Revolution, Dr. Sun Yat-sen hatte 1919 im << Gesamtkonzept zum Staatsaufbau II — Unternemmungsplan>> seine Idee von der Verbesserung des Schiffahrtweges und Stromerzeugung durch Wasserkraft mittels Ausnutzung der Drei-Schluchten des Yangtze-Flußes zum ersten Mal vorgebracht.

2.Im Oktober 1932 hatte die Kommission für Ressourcen der ehrmaligen Regierung von Kuomintang eine Untersuchungsgruppe für Stromerzeugung durch Wasserkraft vom Oberlauf des Yangtze-Flußes organisiert und hatte diese im Jahre 1933 nach 2 monatiger Untersuchung und Vermessung vor Ort im Drei-Schluchten-Gebiet den <<Untersuchungs- und Vermessungsbericht über die Stromerzeugung durch Wasserkraft am Oberlauf des Yangtse-Flußes>> herrausgegeben.

3. Auf die Einladung kamm der in der Welt berühmte Spezialist für Hochdammbau, Chefingenieur von Erschließungsamt USA, Dr. Safanchi im Mai 1944 in China und hatte ungeachtet des Artilleriefeuer aus japanischer Armee die Drei-Schluchten vor Ort geprüft und dann den bekannten <<vorbereitenden Bericht über die Planung der Drei-Schluchten des Yangtze-Flußes>> ausgearbeitet. Dieser war der erste konkrette Konzept, der die Stromerzeugung durch Wasserkraft mittels Ausnutzung von Wasserresourcen der Drei-Schluchten in Erwägung zieht.

4.Im Okt. 1949 wurde die Neuchina gegründet. Im Feb.1950 wurde die Kommission für Wasserbau des Yangtze-Flußes in Wuhan gegründet.

5.Im Jul. 1956 hatte ehemaliger Vorsitzender Mao Tzedong in seinem bekannten Gedicht << Und weiter bauen wir nach Westen zu am Strom die Steinwand, unterbinden den Regen, der von Wu-Berg kommt, so daß die steilen Klippen aufragen über ebenem See. Die Fee mag bleiben, die sie war, sie wird doch aufschrecken: denn die Welt ist anders geworden. >> zum ersten Mal die grandiose Perspektive von Drei-Schluchen-Wasserbauanlagen beschrieben.

6.Am 1.März 1958 setzte sich der ehemalige Ministerpräsident des Staatsrats,. Zhou Enlai an die Spitze der ca. 100 Verantwortlicher von betreffenden Ministerien, Provinz-und Stadtregierung im Einzugsgebiet des Yangtze-Flußes sowie der chinesischen und sowjetischen Experten das Gebiet Nanjing-Paß und Sandouping für Dammstandort untersucht. Dann hatte er deutlich Order gegeben, bei der Standortwahl für Staudamm zu Drei-Schluchten-Projekt das Hauptgewicht auf Sandouping zu legen, dies ist ein Beschluß von entscheidender Bedeutung für die Dammstandordwahl.

7.Am 30.März. 1958 hatte der ehemalige Vorsitzende Mao Tzedong per Jiangxia-Schiff die Drei-Schluchten des Yangtze-Flußes inspiziert, bevor er an der Chengdu-Konferenz des Zentralkomitees der kommunistischen Partei Chinas teilnahm.

8.Am 25 Apr. 1958 hatte die Chengdu-Konferenz die <<Ansicht über die Planung für Wasserbauschlüßelanlagen bei Drei-Schluchten und für Einzugsgebiet des Yangtze-Flußes von Zentralkommitees der KP Ch>> angenommen. Dieses ist das erste von dem Zentralkommitee der KP Chinas erteilte Dokument über das Drei-Schluchten-Projekt.

9. Am 26 Dez. 1970 hatten das Zentralkommitee der KP Ch und der Staatsrat genehmigt, das Wasserbauschlüßelanlage an Gezhouba als ein Bestandteil der Wasserbauschlüßelanlage bei Drei-Schluchten zuerst aufzubauen, und darauf gewiesen, daß dieses als die planmäßige Vorbereitung für Ausführung des Drei-Schluchten-Projekt's gilt. Die Gezhouba-Wasserbauanlage hat 1981 mit der Stromerzeugung begonnen und wurde 1989 voll fertiggestellt.

10.Im Feb.1984 hatte der Staatsrat den <<Bericht über die Durchführbarkeitsuntersuchung des Wasserbauschlüßelprojektes bei Drei-Schluchten>>, den das Planungsbüro für die Einzugsgebiet des Yangtze-Flußes vorgebracht hatte, im Prinzip genehmigt und den Konzept für Niederdamm mit Wasserspeicherungsstandard bis 150m zum Drei-Schluchten-Projekt vorbereitend festgelegt und beschloßen, die Vorbereitungs-und Leitungsgruppe für Aufbau der Drei-Schluchten-Wasserbauanlage, die Vorbereitungsgruppe für Errichtung der Drei-Schluchten-Provinz sowie die Entwicklungsgesellschaft für Drei-Schluchten zu gründen.

11.Ende 1984 hatte das Stadtkomitee der Partei von Chongqing dem Zentralkomitee der Partei die <<Meinungen über Drei-Schluchten-Projekt >>vorgelegt, worin es seine Ansicht gegen den Konzept mit Wasserspeicherungsstandard bis 150m vorgebracht und statt dessen einen anderen Konzept für 180m gestellt. Gengen jenen Konzept waren noch die Mitglieder der nationalen Kommission für die politische Kosultation und berühmte Persönlichkeiten.

12.Juni 1986 hatte das Zentralkomitee der Partei die <<Mitteilung über betreffende Fragen bezüglich der Beweisführung für Drei-Schluchten-Projekt von Zentralkomitee der Partei und Staatsrat>> erteilt und machte das Ministerium für Wasserbau und Elektrizitätswesen verantworlich dafür, die Experten aus allen betreffenden Fachbereichen zu versammeln und deren Meinungen zu erbitten, die Durchführbarkeit des Drei-Schluchten-

Projekts zu beweisen und den bisherigen Bericht über die Durchführbarkeitsuntersuchung weiter zu ändern, und auf dieser Basis den Bericht über die Durchführbarkeitsuntersuchung des Drei-Schluchten-Projektes erneut zu stellen, dann die Vorbereitungsgruppe für Errichtung der Drei-Schluchten- Provinz aufzulösen. Gemäß dem Beschluß des Zentralkomitees der Partei hatte das Miniterium für Wasserbau und Elektrizitätswesen 14 Arbeitsgruppe aus Experten gegründet und begann mit der ca. 3 Jahre gedauerten Beweisführung.

13.Am 6. März 1992 hatte der ehemalige Ministerpräsident Li Peng der V.Tagung des VII.Nationalen Volkskongreses den <<Vorschlag des Staatsrats zur Überprüfung des Antrages zum Aufbau der Wasserbauanlagen bei Drei-Schluchten des Yangtze-Flußes >> vorgelegt, und über diesen Antrag hatten 2,633 Delegierten des Nationalen Volkskongreßes am 3. Apr. 1992 abgestimmt. Die Folge der Abstimmung: 1,767 Ja-Stimme und 177 Nein-Stimme, 644 Stimmenhaltungen, 25 Delegierten hatten den Abstimmungstaste nicht gepreßt. Dem Antrag wurde zugestimmt. Bisher ging das Drei-Schluchten-Projekt aus der Beweisführungsperiode in die Ausführungsperiode. Das Idial wird verwirklicht, was die Chinesen ca. einen Jahrhundert gewünscht haben.

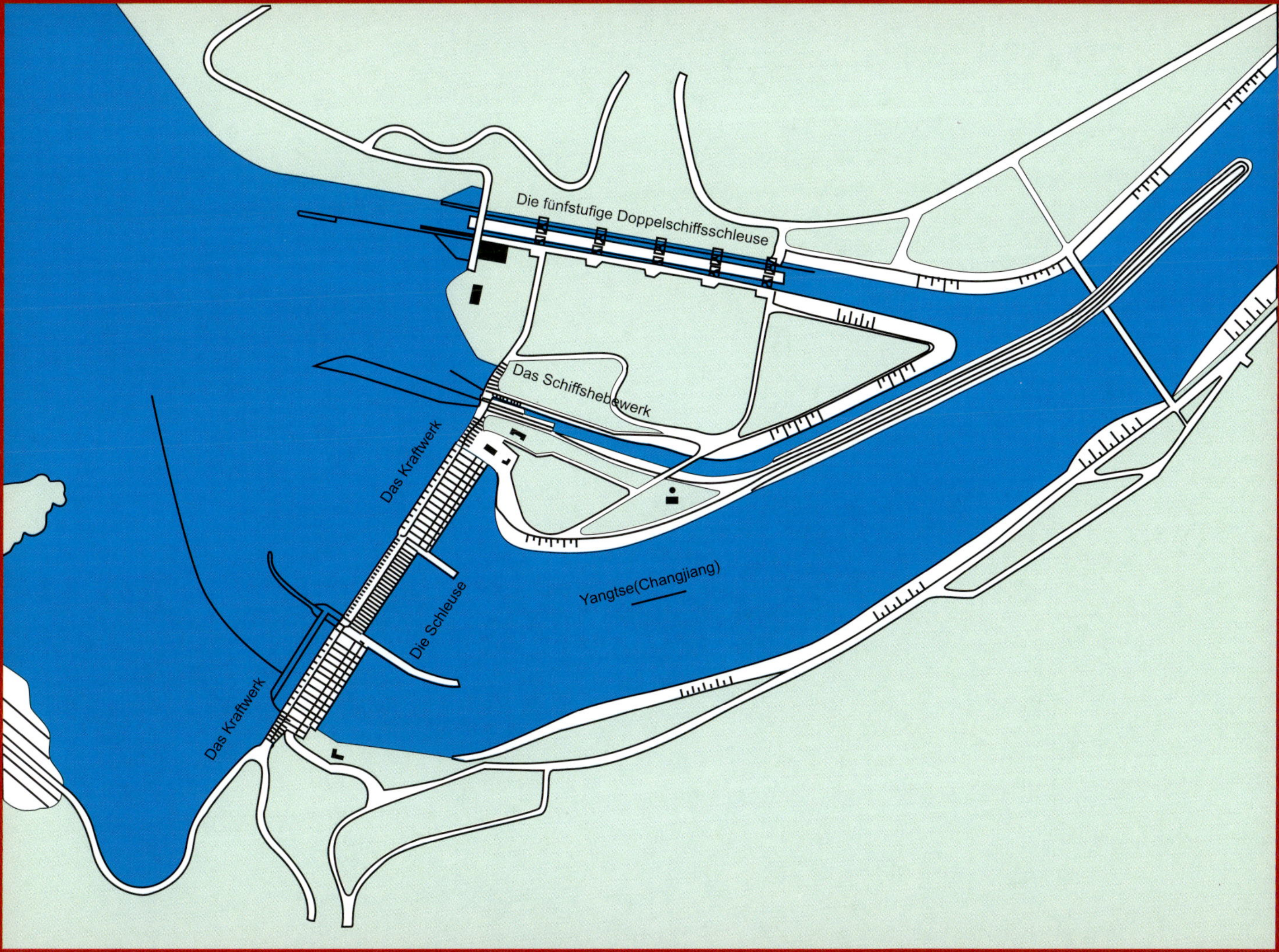

Grundiss des wasserbauprojekts der Drei Schluchten

Zhongbaodao-Insei inn Original

Standort Staudamm's zur Wasserbauanlage bei Drei-Schluchten

Der Standort Staudamm's und der normaler Wasserstand sind der Kern und die grundlegende Faktor für Feststellung einer Wasserbauschlüßelanlage, das den Umfang, die Leistung, den Schwierigkeitsgrad der Ausführung des Projekts, die Entstehung und Lösung der technischenn Probleme bestimmt.

Der Standort Staudamm's von Drei-Schluchten-Projekt liegt auf der Zhongbao-Insel in Sandouping von Stadt Yichang in Provinz Hubei. Die Wahl des Staudammstandorts hat jahrzentelang gedauert. In 50ger Jahre des zwanzigsten Jahrhunderts hat man einen' Ort zum Standort des Staudamms in Sandouping von 15 Orten in zwei Bezirken vorläufig ausgewählt.Anfang 60ger Jahre hat man aus dem Projektschutz und etappenweiser Entwicklung den Ort von Shibei und Taipingxi vergleicht und schließlich in 80ger Jahre die Zhongbao-Insel in Sandouping zum Standort des Staudamms für Drei-Schluchten-Projekt bestimmt.

Der fast unwasserdurchlässige feste und harte Granit im Gegend von Sandouping zeigt sich die ideale Fundament eines Hochdamms, und das Flußtal hier ist beträchtlich breit, die Hügel auf den beiden Ufern des Flußes sind auch entsprechend niedrig, wo man den Platz leicht erweitern und die Bauarbeiten leicht ausführen kann. Die in der Mitte des Flußes liegende Zhongbao-Insel kann zum Bau des längerlichen vertikalen Kastendamms benutzt werden,und der Yangtze-Fluß wrid hier in zwei Teilen nähmlich Großfluß und Hinterfluß einmal mit der Breite von 900m und anderermal von 300m separierte, wodurch eine vorteilhafte topographische Bedingung für etappweise Wasserableitung geschafft werden kann. Zhongbao-Insel,ist das Geschenk von der Natur.

Bohrkern von Dammstandort

Durchführungskonzeptes für Drei-Schluchten-Projekt

Bauplan

Bauvorhaben: Die Wasserbauschlüßelanlage wird gemäß der Baupolitik “erstklassige Erschließung, einmalig Erstellung, etappenweise Wasserspeicherung und kontinuierliche Umsiedlung” aufgebaut. Die Bauarbeit für das ganze Projekt wird in drei Phasen durchgeführt und dauent17 Jahre .

Nach der Reihnfolge der Umleitung wird das Drei-Schluchten-Projekt in drei Phasen durchgeführt. Da die Bauarbeiten für Wasserbauprojekt auf dem trockenen Feld ausgeführt weirden, braucht es zuerst den Fluß einzudämmen und das Wasser in einem Sammelbecken zu speichern, d.h. bei der Ausführung der Bauarbeiten muß der Fluß einen anderen Weg nehmen und einen Ausweg für das Wasser suchen. Man soll die oberflächlichen ausgewitterten Felsen beseitigen und auf den frischen Felsen den Damm bauen. Die in Bereich von Standort des Staudamms zu Drei-SchluchtenCProjekt liegende Zhongbao-Insel bietet eine topographische Vorteile für etappenweise Flußumleitung, indem sie den Yangtze-Fluß in Großfluß und Hinterfluß natürlich teilt.

Das üspruchische Bild vom Wasserbauprojekt

Die 1.Bauphase

Die Flußumleitungsperiode von 1993-1997.Der Hinterfluß wird mit Steinen eingedämmt und zu einem Umleitungskanal gebaut, dabei fließt das Flußwasser und fährt der Schiff über Hauptflußlauf. Die im Nov. 1997 erfolgte Eindämmung des Großflußes kennzeichnet das Ende der Flußumleitung von der ersten Phase und den Beginn der Bauarbeiten von der zweiter Phase.

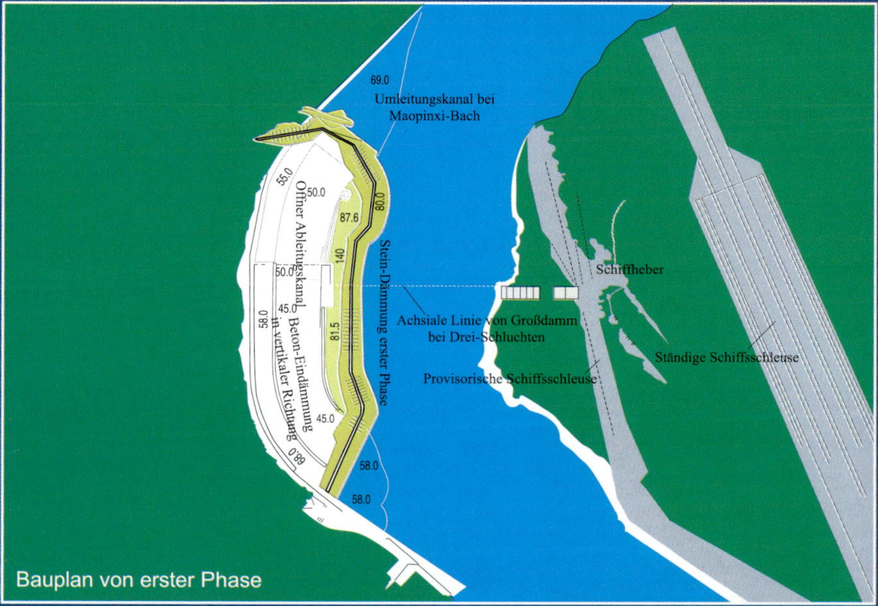

Bauplan von erster Phase

Die 2.Bauphase

Die Flußumleitungsperiode von 1998-2003. Hauptziel in dieser Phase besteht darin, innerhalb von dem Wasserbecken den Abschnitt vom Hochwasserabflußdamm, Linksuferdamm, Linkswerkhalle von Wasserkraftwerk zu bauen, das Flußwasser durch Umleitungskanal abzuleiten, den Schiffe zu ermörglichen, durch das Umleitungskanal oder provisorische Schiffsschleuse hinzufahren. Die verwirklichte Eindämmung des Umleitungskanals kennzeichnet das Ende dieser Periode.

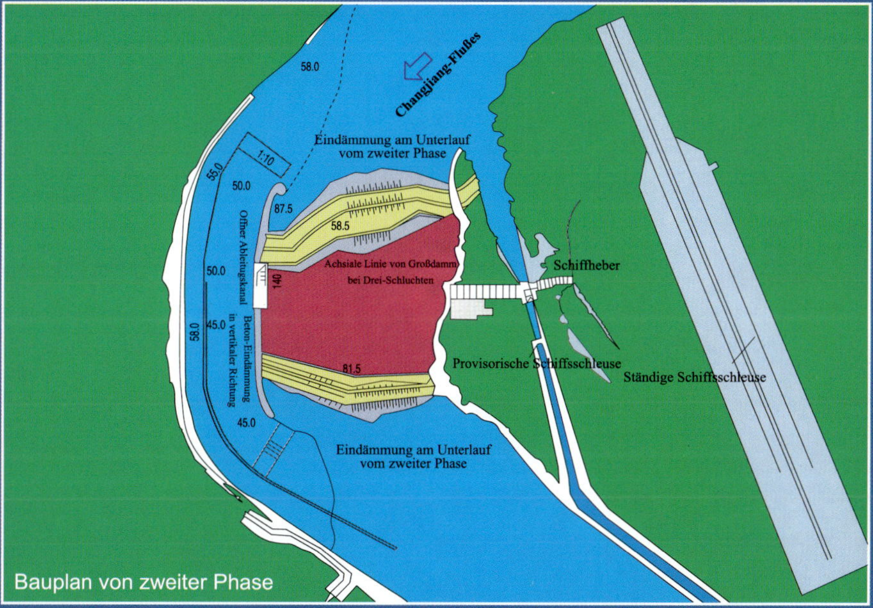

Bauplan von zweiter Phase

Die 3.Bauphase

Die Flußumleitungsperiode von 2004-2009.In ider Periode wird das Wasser von Umleitungskanal gestaut und ein Sammelbecken von der 3 Phase durch Aufbau eines Kastendamms aus gewalztem Beton gebildet, der Rechtsuferdamm und und Rechtsuferwerkhalle von Wasserkraftwerk gebaut. Das Flußwasser pließt durch 23 Tieftunnel am Ableitungsdammabschnitt und 22 provisorische Umleitungskanal ab und die Schiffe fahren durch das fünfstufige Doppelweg-Schiffsschleuse. Das Ende der dritten Periode wird durch die erfolgte Stromerzeugung aller Generatorenaggrate und Fertigstellung des ganzen Projektes gekennzichnet.

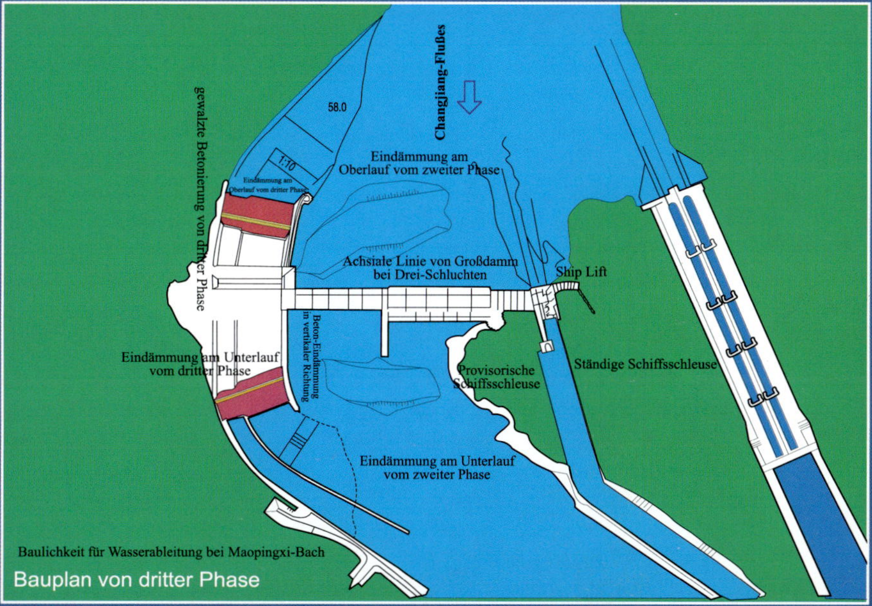

Bauplan von dritter Phase

Baustelle von Großdamm am Rechtsufer

Wasserbauschlüßelanlage bei Drei-Schluchten des Yangtze-Flußes

Panorama der Baustelle von dritter Phase

Wasserbauschlüßelanlage bei Drei-Schluchten des Yangtze-Flußes

Durchführungskonzeptes für
Drei-Schluchten-Projekt

Montage des Fundamentringes mit Hilfe von Kränen

Szenerie von Bauausführung dritter Phase bei Nacht

Wasserbauschlüßelanlage bei Drei-Schluchten des Yangtze-Flußes

Wasserableitung und Flußeindämmung

Nach der mehrjährigen Forschung von Experten und Mitarbeitern wird die Bauarbeit von Drei-Schluchten-Projekt nach dem Wasserableitungsplan “dreimal Kastendamm bauen, zweimal Fluß stauen, Wasseraleitung in drei Phase verwirklichen, offene Ableitungskanal und provisorische Schiffsschleuse schiffahrbar machen” durchgeführt.

Die Hauptaufgabe vom ersten Schritt besteht darin, durch Ausnutzung der Zhongbao-Insel ein vertikaler Betonkastendamm zu bauen und mit Steinen das Wasser zu stauen, entsprechend den Anforderungen an Wasserumleitung und Schiffsverkehr während der Ausführung den offenen Umleitungskanal zu graben, und zugleich den Fundament für Kastendamm von der dritten Phase zu legen. Dazwischen werden das Hochwasser und die Schiffe durch den Hauptflußlauf abfließen und fahren. Zu dem zweiten Schritt ist der Strom von Hauptlauf erstmalig zu brechen und dabei den Oberlauf und Unterlauf einzudämmen und auf der Basis von Hauptlauf und Strand am Linksufer ein Sammelbecken zu bilden, damit die Bauarbeit von zweiter Phase durchgeführt werden kann. In dieser Periode wird der offene Umleitungskanal für Flußumleitung und Schiffahrt und die am Linksufer errichtete Schiffsschleuse für Schiffahrt benutzt, damit die Bauzeit beträchtlich verkürzt werden kann. Zum dritten Schritt wird des offene Umleitungskanal nach der Fertigstellung der Bauarbeit von zweiter Phase eingedämmt und in einerm Trockzeitraum ein gewalzten Betonkastendamm zu bauen, damit ein Fundamengraben für die Ausführung der Bauarbeit von dritter Phase gebildet werden kann. In diesem Zeitabschnitt wird das Wasser durch die Umleitungstunnel am Umleitungsdamm abfließen. Nach der zweiten Eindämmung sowie bevor, daß die Wasserspeicherung im Stausee von Drei-Schluchten den Standard von 135m erreicht, verliert die provisorische Schiffsschleuse deren Wirksamkeit, so werden die Personen und Gegenständen auf die Weise “Transport über Damm” gefödert, dies wird ca. einhalbes Jahr dauern. Und nachhdem daß Wasserspeicherung den Standard von 135m erreicht hat, wurde die fünfstufige Doppelweg-Schiffsschleuse am 16.Jun. 2003 in Betrieb genommen. Alles hat bewiesen, daß dieser Konzept gut durchführbar ist.

Eindämmungdes Yangtze-Flußes (Nov. 1997)

Eindämmung des offenen Ableitungskanals (Nov. 2002)

Wurde der offene Ableitungskanal abgeschlossen(Nov. 2002)

Offener Vmleitungskanal in Schiffsverkehr

Transport über den Großdamm

Verkehr während Ausführung der Bauarbeiten vom Drei-Schluchten Wasserbauprojekt

Wahrend der Ausführung der Bauarbeiten vom Drei-Schluchtuen-Projekt soll eine große Menge von Materialien und Ausstattungen eingeführt und besonders sollen viele großen und schweren Maschinen und Anlagen transpotiert werden. Dafür wurde der Konzept "Landstraßenverkehr als Hauptsache und Wassertransport als Hilfsmaßnahme" nach langfristiger Untersunchung und Beweisführung von Spezialisten durchgeführt, die Landstraße hier ist mit einer Spezialschnellstraße von Stadt Yichang bis zum Dammgebiet, die östlich mit der Autobahn von Yichang bis Wuhan verbunden ist. Der Praxis hat bewiesen, daß diese Wahl richtig ist.

Die Xiling Brücke

Spezialautobahn für Drei-Schluchten-Projekt

Die Liantuo Brücke

Dammabschnitt für Hochwasseauslaß von Drei-Schluchten-Projekt

Der Dammabschnitt für Hochwasserabfluß mit einer Gesamtlänge von 483m liegt in der Mitte von Staudamm bzw. am Hauptflußlauf des Yangtze-Flußes und wurde auch als Abflußdammabschnitt genannt. Dieser Dammabschnitt, der zu beiden Seiten dicht an Werkhallen des Wasserkraftwerkes, ist mit 23 Tieftunnel von 7m B x 9m H und 22 Oberflächenkanal mit einer Breite von 8m sowie Ableitungskanal zur anderen Anwendung versehen. Die max. Abflußmenge davon (ohne Generatorenaggregat) beträgt 102, 500 m3/Sek.

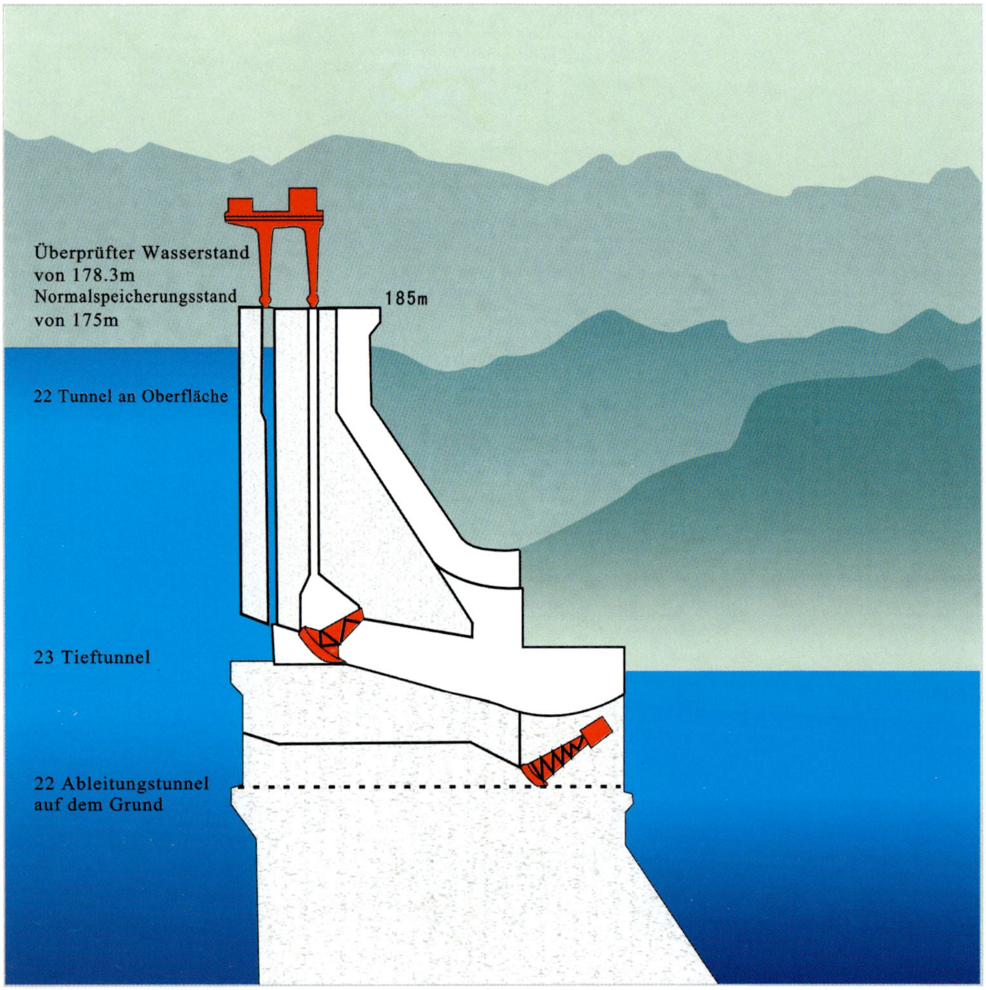

Kartenskizze von Aulaßdammabschnitt

Dammabschnitt für Hochwasserauslaß

■ Wasserbauschlüßelanlage bei Drei-Schluchten des Yangtze-Flußes

Dammabschnitt für Hochwasserauslass

Kopf von Auslaßdammabschnit für Hochwasserauslaß

Wasserbauschlüßelanlage bei Drei-Schluchten des Yangtze-Flußes

Baulichkeiten für Schiffahrt von Drei-Schluchten-Projekt

Die Baulichkeiten für Schiffahrt einschließlich der Doppelweg-Schiffsschleuse und des Schiffshebers von Drei-Schluchten-Projekt teilen sich in dem Berg am Linksufer des Staudamms. Die Gesamtlänge der Schiffsschleuse beträgt 6,442m, und davon sind 1,607m zu dem Hauptabschnitt. Die Schiffführungsrinne ist am Oberlauf 2,113m lang und am Unterlauf 2,722m lang. Die fünfstufige Doppelweg-Schiffsschleuse hat ein Nutzaumaß von 280mx34mx5m(LxBxmin.Wassertiefe in Vertiefung) und die Einweg-Föderungsmenge beträgt 50Mio.t. Die Schiffsschleuse ist passierbar für die Flotte aus Schiffen von 10,000t tdw.

Die fünfstufige Doppelweg-Schiffsschleuse wurde aus dem Bergkörper von Granit ausgehoben und daher als die “Vierte Schluchte des Yangtze-Flußes” gelobt. Um die Böschung zu stabilisieren und deren Verformung zu vermeiden, ist die Böschung außer der Unterstützung durch Beton und Ankerbolzen während der Ausführung mit mehr als 3,600 Spannankerkettenbindern mit Festigkeit von 300 tdw und mehr als 100, 000 hochfesten Ankerbolzen versehen. Am 15.Jun.2003 wurde die Probeschiffahrt durch die fünfstufige Zweiweg-Schiffsschleuse von Drei-Schluchten-Projekt mit dem Erfolg durchgeführt.

Der Schffheber ist ein einstüfiges in senkrechter Richtung laufendes Förderer mit einem Nutzraum von 120x18x3.5m des Schifftragtankes und kann einmal ein Schiff von 3,000t dtw hinüber fördern'und die Föderungszeit dauert ca. 45min.

Die fünfstufige Doppel Schiffsschleuse in Betrieb

Erstschiffahrt

■ **Wasserbauschlüßelanlage bei Drei-Schluchten des Yangtze-Flußes**

Gesammtansicht der fünfstufigen Doppelschleuse

■ Wasserbauschlüßelanlage bei Drei-Schluchten des Yangtze-Flußes

Pprovisorische
Schiffsschleuse

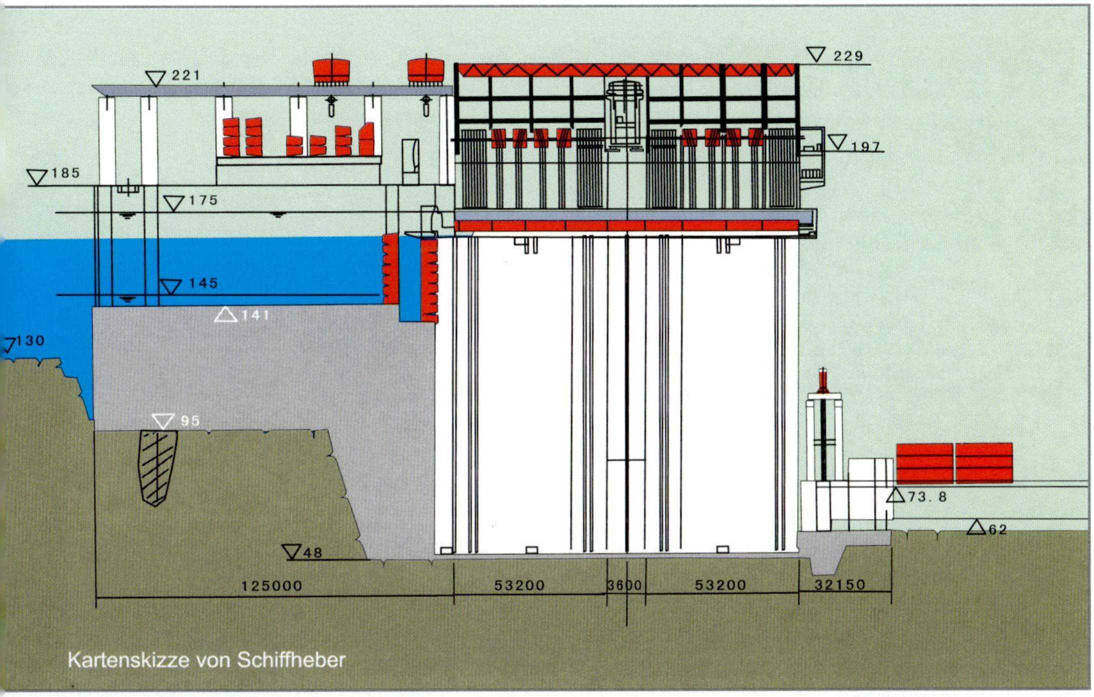

Kartenskizze von Schiffheber

Schiffheber

Der Schffheber ist ein einstüfiges in senkrechter Richtung laufendes Förderer mit einem Nutzraum von 120x18x3.5m des Schifftragtankes und kann einmal ein Schiff von 3000t dtw hinüber fördern'und die Föderungszeit dauert ca. 45min.

Effektbild vom Shiffheber

Der größte Unterschied des Stauseedamms von Drei-Schluchten-Projekt zu den Großdämmen in der Welt besteht darin, daß er mit der größten Schiffsschleuse und dem Schiffheber versehen ist. Man vergleicht nach dem Regel vom Fahrstuhl die Schiffsschleuse und Schiffheber mit dem Lift, angenommen, auf den Lift zu warten braucht es etwas Zeit, aber durch das schnelle Auf-und Abfahren kann der Lift schneller seinen Zielort erreichen.

Kraftwerk von Drei-Projekt

Das Wasserkraftwerk zu dem Drei-Schluchten-Projekt hat zwei Kraftanlagen bwz. Linksuferanlage und Rechtsuferanlage mit 26 Wasserturbogeneratorenaggraten von Einzelkapazität 0.70Mio.kW, die das größter Wasserturbogeneratorenaggrat sind, jeweis 14 am Linksufer und 12 am Rechtsufer. Im Juli 2003 beginnt die erste Serie von Generatorenaggraten offieziell vereinigt im Netz die Elektrizität zu erzeugen.

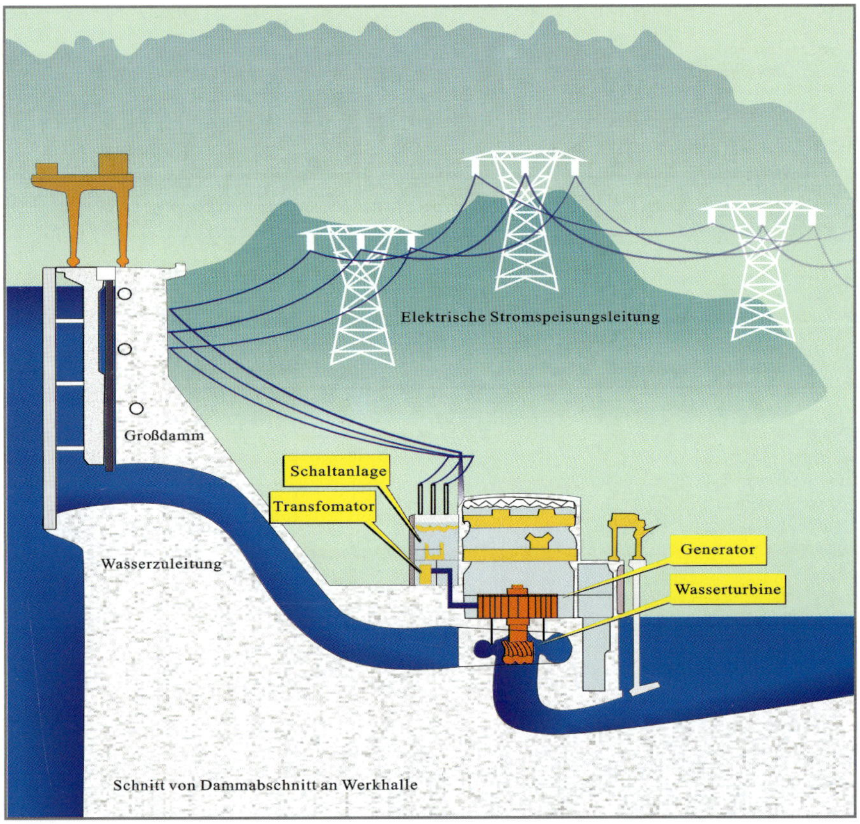

1.Werkhalle von Wasserkraftwerk am Linksufer bei Drei-Schluchten
2.Binnenbild der Werkhalle
3.Szenerie bei Nacht von Werkhalle

Wasserbauschlüßelanlage bei Drei-Schluchten des Yangtze-Flußes

Montage von Turbinengehäuse mit Hilfe von Kränen

Turbinengehäuse bei Schweißen

Turbinengehäuse bei der Bearbeitung

Der 1,694.5 Tonen Schwere Rotor Vom Generator

Der größte Hydroturbinen-Generator Läufer der welt

Schwungräder kommen in Drei-Schluchten an

Wasserbauschlüßelanlage bei Drei-Schluchten des Yangtze-Flußes

Untegrundwerkhalle

Panorama der Untergrundhalle

Wasserausfluß von Untergrundwerkhalle

Weltrekorde von Drei-Schluchten-Projekt

1.Beachtlichste Wirkung des Überschwemmungschutzes in der Welt

Mit einem Fassungsvermögen von 39.3Mrd.m³ und der Fassungskapazität für Hochwasserschutz von 22.15 Mrd.m³ kann der Stausee von Drei-Schluchten effektiv das Hochwasser von dem Oberlauf des Yangtze-Flußes kontrollieren und die Bekämpfungsfähigkeit gegen Hochwasser von Unterlauf des Changjia-Flußes verstärken.

2.Größtes Kraftwerk in der Welt

Die gesamte installierte Leistung von Wasserkraftwerk bei Drei-Schluchten ist von 18.2Mio.kW und die geplante erzeugte Elektriziät durchschnittlich im Jahr ist bei 84. 68Mrd.kW.

3.Wasserbauanlage im größten Bauumfang der Welt

Die Wasserbauanlage bei Drei-Schluchten-Projekt hat den Staudamm mit einer achsialen Gesamtlänge von 230.947m und einem Stammabschnitt für Hochwasserschutz mit der Länge von 483m, und das Waaserkraftwerk mit 26 Generatorenaggrate von 0. 7Mio.kW, die fünfstufige Doppelweg-Schiffsschleuse und den Schiffheber. Für die Hauptstücke des Projekts werden 463,000t Stahl benötigt und ca.134Mio.m³ Erde-oder Steinmaßen ausgehoben sowie 27.94Mio.m³ betoniert.

4.Wasserbauanlage mit dem Beton von höchster Festigkeit in der Welt

Die Betonierung bei Drei-Schluchten-Projekt hat durchlaufend den Weltrekord aufgestellt. Im Jahre 2000 beträgt die Betonierungmenge 5.4817Mio.m³ und die höchste Betonierungsmenge im Monat hat 550,000m³.erreicht.

5.Wasserableitung und Durchführung der Bauarbeiten von höchsten Planziffern und höchsten Schwierigkeitsgrand in der Welt

Die max. geplante Hochwasserabflußmenge beträgt 10,000m³ und die Höhe des Kastendamms liegt bei 60m.

6.Hochwasserauslaßschleuse mit höchstem Auslaß in der Welt

Der max. Abfluß von Drei-Schluchten-Auslaßschleuse liegt bei 102,500m³/Sek.

7.Schiffsschleuse mit höchster Zahl der Stufen der höchsten Wassergefälle über dem Binnenfluß in der Welt

Die fünfstufige Doppelweg-Schiffsschleuse mit der Wassergefälle in Höhe von 113m.

8.Schiffheber von drößter Dimension und höchstem Schwierigkeitsgrad in der Welt

Der Nutzausmaß des Schiffheber von Drei-Schluchten-Projekt liegt bei 120x18x3. 5m und die max. Förderhöhe des Schiffhebers liegt bei 113m. Durchfahrbarkeit der Schleuse für Schiff von 3,000t dtw und das Gewicht von Schifftank mit Wasser wiegt 12, 800t.

Der zusätzliche Damm-der Maopingxi-Schutzdamm

Wasserbauschlüßelanlage bei Drei-Schluchten des Yangtze-Flußes

Vergleich Zwischen acht großen Wasserkraftwerken der Welt

Staat	Bezeichnung des Wasserkraftwerkes	Fluß	Installierte Leistung (Zehentausend kW)	Jährliche erzeugte Elektrizität (Hunderftausend KW/h)
China	Sanxia-Schluchten	Changjiang-Fluß	1820	846.8
Brasilien, Paraguay	Itaipe	Balana-Fluß	1260	710
USA	Daguli	KoluBmbien-Fluß	1083	203
Wenezuela	Guli	Kalonie-Fluß	1030	510
Brasilian	Tukuluyi	Tokantins-Fluß	800	324
Kanada	Lagelande der zweiten Stufe	La Grand-Fluß	732.6	358
Roßland	Sayangshushensik	Yenisey-Fluß	640	237
Roßland	Klasnuoyarsk	Yenisey-Fluß	600	204

Planziffer und Daten von Wasserbauschlüßeranlagen bei Drei-Schluchten des Yangtze-Flußes

Position		Einheit	Parameter	Bemerkung
Stausee	Normalwasserstand	m	175	anfangs156m
	Eingeschränkter Wasserstand	m	145	anfangs135m
	Geplanter Wasserstand	m	175	
	Überprüfter Wasserstand	m	180.4	
	Gesamte Fassungskapazität	100Mio.m³	393	
	Inhalt für Hochwasserschutz	100Mio.m	221.5	
	Wasserfläche von Stausee	km³	1,084	
Großdamm	Form		Betonierter Schwerdamm	
	Höhe von Dammkopf	m	185	
	Max. Dammhöhe	m	181	
	Achsiale Länge	m	2,309.47	
Kraftwerk	Länge v. Kraftwerk a.Ufer 1	m	643.7	
	Zahl v. Generatorenagg.a. Ufer links	Stück	14	
	Länge v. Kraftwerk a.Ufer r.	m	584.2	
	Zahl v. Generatorenagg. a.Ufer r.	Stück	12	
	Einzelkapazität	10000 kW	70	
	Installierte Leistungn (außer Untergrundwerkhalle)	10000 kW	1,820	
	Stromerzeuguung im Jahr (außer Untergrundwerkhalle)	100Mio.kWh	846	
	Zahl v. Generatorenaggr.in Grundwerkhalle	Stück	6	
	Installierte Leistungvon Untergrundwerkhalle	10000 kW	420	
Schiffsschleuse	Form			Doppelweg fünfstufig
	Dimension von Schleuse	m	280×34×5	
Schiffheber	Form			Einstufiger Einweg-Schiffheber Beförderung in senkrechter Richtung
	Schifftragtank	m	120×18×3.5	

Hochwasserschutz

Der Niederschlag im Einzugsgebiet des Yangtze-Flußes hat charakterisches Merkmal von Monsunklimma. Die Durchflußmenge vom Jun.-eis Sep. jährlich macht 70-75% der gesamten Durchflußmenge des ganzen Jahres aus. Nach histeorischer Aufzeichnung war das Hochwasser von Yangtze-Fluß in 2096 Jahren von 185 v.u.Z C 1911 ca.214 mal angeschwollen, im durchschnitt ein Mal im Jahr. Und seit 1921 war das Hochwasser des Yangtze-Flußes 11 mal durchschnittlich ein Mal in 6 Jahren. Yangtze-Fluß ist die Mutter der chinesischen Nation. Er hat die chinesische Nation ernährt aber auch den an ihm lebenden Einwohner zahlreiche Katastrophe gebracht. Nicht nur in Legenden und Märchen über die Bekämpfung gegen das Hochwasser als auch in historischen Dokumenten kann man die fünftausend jährige Geschichte von Freude und Trauer der chinesischen Nation finden:

Im Jahre 1870 stand ein Land von 16km^2 bei einer riesigen Überschwemmung, wie sie selten anzutreffen ist, unter Wasser; dem Hochwasser zum Opfer gefallen waren im Jahre 1931 ca.145,000 Personen, 1954 ca.142,000, 1954 ca.33,000 und 1998 auch 1,526.

Das Hauptziel des Drei-Schluchten-Projektes ist die Vorbeugung und Überwindung von Überschwemmung. Der Staudamm zu diesem Projekt wurde nach einem Standart der Bekämpfung gegen die Überschwemmung, wie sie tausend Jahre einmal anzutreffen ist, konstruiert und nach einem Standart der Bekämpfung gegen die Überschwemmung, wie sie 10,000 Jahre einmal anzuteffen ist, und zusätzlich mit 10% Hochwasser geprüft, und ist eine Wasserbauanlage, die den größten Effekt bei dem Überschwemmungschutz in der Welt macht. Die max.Hochwasserableitungsfähigkeit dieser Wasserbauanlage zu Drei-Schluchten-Projekt ist von 120,600m^3/Sek. Im Vergleich zu der durchschnittlichen Durchflußmenge von 960.0Mrd m^3 im Jahr des Yangtze-Flußes scheint die Fassungskapazität von 22.15Mrd.m^3 für Hochwasserschutz relativ klein, aber der Gipfelwert von der Flut kann bei dieser Wasserbauanlage auf die Weise "Flut niedersetzen und stilles Wasser speichern" um 30% reduziert werden, so daß das zu dem Unterlauf abfließende Hochwasser effektiv kontrolliert werden kann. Die Wasserbauanlge bei Drei-Schluchten gilt heute als ein entscheidendes Schwerpunkprojekt im Hochwasserschutzsystem an Mittel-und Unterlauf des Yangtze-Flußes geworden und schutzt den fruchtbare Akerboden von 23Mio.Mu und die Geimeinden oder Siedlungen im Gebiet von Jianghan-Ebene und im Einzugsbebiet von Dongting-See, so daß ca.15Mio. Einwohner hier ein ruhiges und tätiges Leben führen können.

Hochwasserableitung

Hochwasserableitung

Riesige Wirtschaftseffizienz und öffentlicher Nutzen von Drei-Schluchten-Projekts

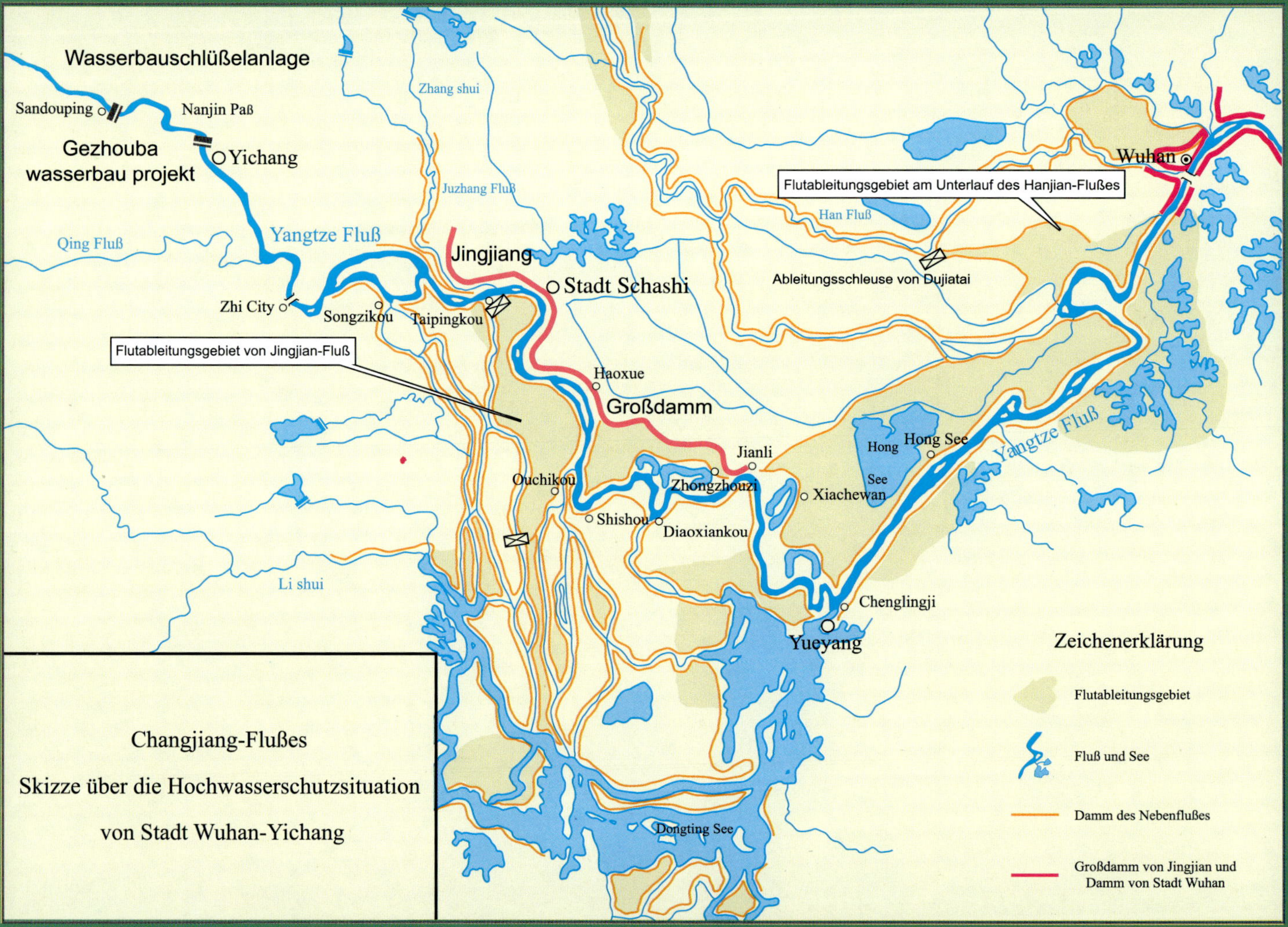

Luftbildaufnahme von Hochwasserschutzdamm bei Jingjian-Fluß

■ Riesige Wirtschaftseffizienz und öffentlicher Nutzen von Drei-Schluchten-Projekts

Stromerzeugung

Das dahinströmmende Yangtze-Flußwasser enthält riesige Energie. Das Wasserkraftwerk von Drei-Schluchten-Projekt mit einer Gesamtlänge von 1210m ist zur Zeit das größte Wasserkraftwerk in der Welt und besteht aus zwei Werkhallen jeweil am Linksufer und Rechtsufer des Flußes, in denen 26 Generatorenaggrate jeweils 14 in der Linksuferwerkhalle und 12 in Rechtsuferwerkhalle mit einer Einzelkapazität von 0.70Mio.kW und einer gesamten installierter Leistung von 18.2Mio.kW seit mehr Jahren jährlich im Durchschnitt 84.68Mrd.kW/h erzeugen. Mit dieser Leistung entspricht dieses Wasserkraftwerk 6 Wasserkraftwerken von Gezhouba oder 10 Kernkraftwerken von Dayawang. Das Wasserkraftwerk von Drei-Schluchten-Projekt kann nicht im Bereich von Einzelkapazität als auch im Bereich von gesamten installierten Leistung das Erste in der Welt sein.

Um die Wirtschaftseffekten der Stromerzeugung von Drei-Schluchten-Projekt zu machen, wurde ein neues Untergrundwasserkraftwerk im Bergkörper am Rechtsufer gebaut, darin wurden 6 Generatorenaggrate mit Einzelkapazität auch von 0,70Mio.kW und gesamter installierter Leistung von 4.2Mio.kW angebraucht, und deren Einfluß wurde mit dem von Wasserbauanlagen zu Drei-Schluchten-Projekt parallel gebaut. Und nur auch mit den Generatorenaggraten von Untergrundwasserkraftwerk kann es 1.5 Gezhouba-Projekt entsprechen. wodurch wurde die Zahl der installierten Generatorenaggrate von Drei-Schluchten-Projekt auf 32 und deren installierte Leistung auf 22.40Mio. kW erhöht.

Der Stromversorgungsbereich mit einem Radius von 1000km von Drei-Schluchten-Projekt bedeckt die meiste Landfläche Chinas, und jetzt versorgt das Kraftwerk mit Strom über Wechselstromspeisungsleitung von 500kV die Regionen von Mittelchina, Osten von Sichuan, Südchina, und Ostchina über Gleichstromspeisungsleitung von ±500kV, womit kann der Ostchina, Mittelchina und Südchina, wo die Wirtschaft relativ entwickelt ist und aber es an Energie mängelt, die zuverlässige bilige und saubere sowie regenierbare Energie geliefert werden.

Steuerzentrale von Wasserkraftwerk bei Drei-Schluchten

Erster Turm für Hochspannungsausfuhrleitung von Kraftanlage am Linksufer

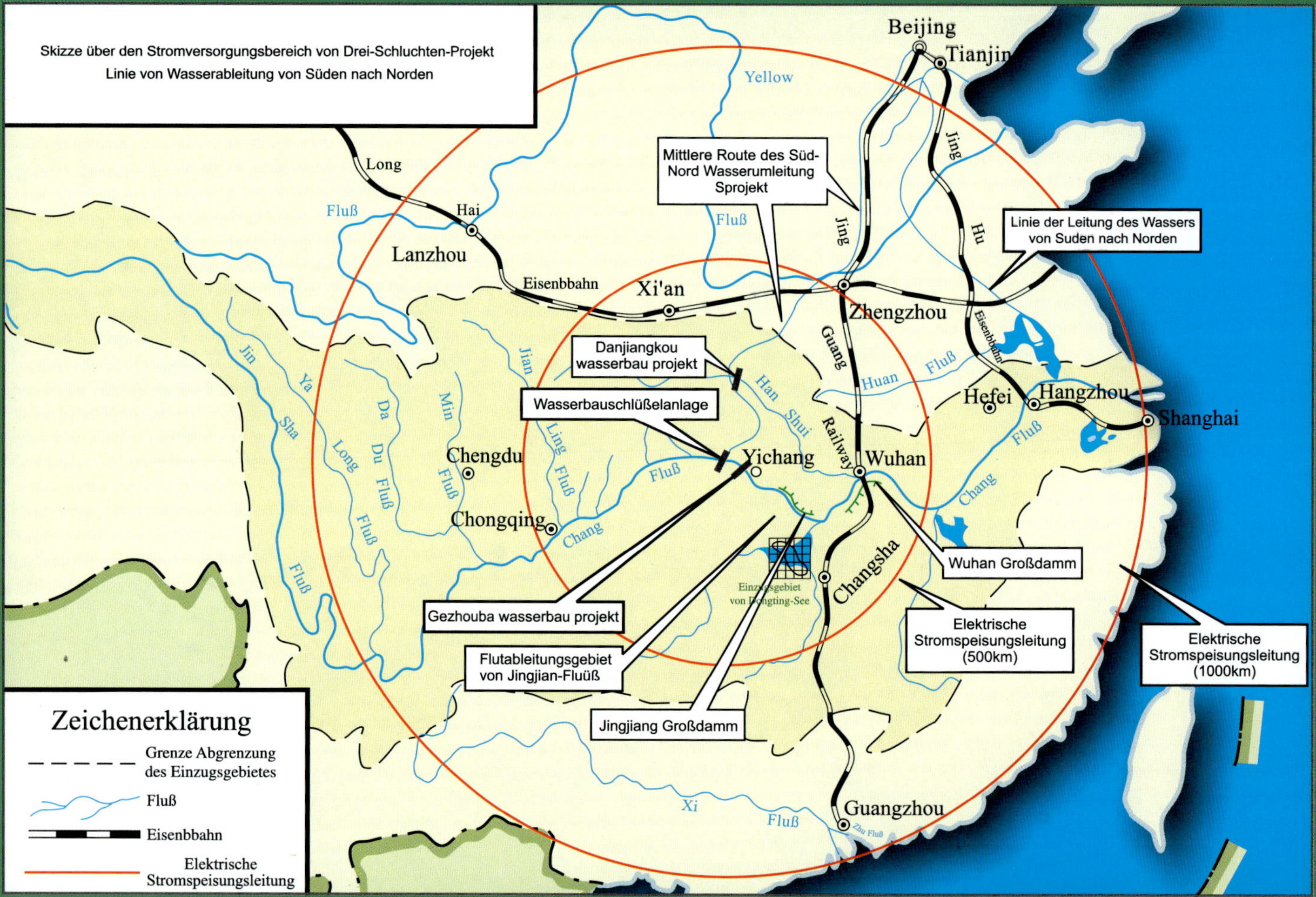
Skizze über den Stromversorgungsbereich von Drei-Schluchten-Projekt
Linie von Wasserableitung von Süden nach Norden
Beijing
Tianjin
Yellow
Mittlere Route des Süd-Nord Wasserumleitung Sprojekt
Linie der Leitung des Wassers von Suden nach Norden
Long
Hai
Fluß
Lanzhou
Eisenbbahn
Xi'an
Zhengzhou
Jing
Hu
Guang
Danjiangkou wasserbau projekt
Wasserbauschlüßelanlage
Han
Shui
Huan
Hefei
Hangzhou
Shanghai
Chengdu
Yichang
Railway
Wuhan
Chongqing
Chang
Jin
Sha
Ya
Long
Da
Du
Min
Jian
Ling
Wuhan Großdamm
Changsha
Einzugsgebiet von Dongting-See
Gezhouba wasserbau projekt
Flutableitungsgebiet von Jingjian-Fluüß
Elektrische Stromspeisungsleitung (500km)
Elektrische Stromspeisungsleitung (1000km)
Jingjiang Großdamm
Zeichenerklärung
Grenze Abgrenzung des Einzugsgebietes
Fluß
Eisenbbahn
Elektrische Stromspeisungsleitung
Xi
Guangzhou
Zhu Fluß

Schlatanlage bei Longquan

Schiffahrt

Von altes her hat der Yangtze-Fluß den schönen Ruf von "goldenen Wasserweg". Aber in der Vergangenheit war der Wasserweg in Provinz Sichuan und im Flußabschnitt bei Drei-Schluchten durch die Untiefe und reißende Strömung geprägt, darüber gab es schon das Wort "auf dem Weg in Sichuan zu gehen ist so schwer, als in den Himmel zu fliegen". Nach der Gründung Neuchinas bleib der Flußlauf des Yangtze-Flußes trotz einiger Sanierungen durch Wegsprengung der Klippen auch noch gehindert, und manche Flußabschnitte sind noch so eng und befahrbar nur für kleineren Schiff mit Tragfähigkeit unter 1000t tdw. Und der Flußlauf am Mittellauf bei Jinjiang kann auch in Trockenzeit befahrbar nur für kleineren Schiff mit Tragfähigkeit unter 1,000t tdw.

Nach der Fertigstellung von Drei-Schluchten-Projekt wird der Yangtz-Fluß im besten Sinne des goldenen Wasserweges sein. Da der Wasserlauf von YichangCChongqing mit einer Länge von 600km beträchtlich verbessert wurde, kann die Flotte aus Tankern von 10,000t tdw direkt nach Chongqing fahren. Und die Durchgangsleistung von Einweg im jahr wird von 10Mio.t auf 50Mio.t erhöht, dazu kann die Tragfähigkeit von Schiffen auch steigen. Die Belastungsfähigkeit pro Watt Leistung kann um 2.72-5.44t gesteigert werden, und wodurch der Ölverbrauch um 30fach und die Transportkosten um 35%-37% vermindert werden kann. Die Fahrt kann auch beträchlich verkürzt wurden. Dieses alles zeigt an, daß der gehinderte Flußlauf in Trockenzeit am Mittellauf des Yangtz-Flußes beachtlich verbessert wird.

Goldener Wasserstraße von Yangtze-Fluß

Schiffahrtweg von neuen Drei-Schluchten nach Wasserspeicherung im Stausee

Signalstation für Navigation

Spuren von Treider auf den Felsen von Drei-Schluchten

Ein an Felswand gebauter Holzsteg

Treider von Drei-Schluchten

Riesige Wirtschaftseffizienz und öffentlicher Nutzen von Drei-Schluchten-Projekts

Umsiedlung von Million

Der Meinung nach ist Umsiedlung aus der Stauseezone bei Drei-Schluchten-Projekt ein großes Problem der Klasse der Welt und auch der Schlüßel der Verwirklichung des Drei-Schluchten-Projektes. Das Drei-Schluchten-Projekt ist äußerst großes Wasserbauprojekt, für das sollen ein Million Einwohner von Stauseezone umsiedeln und die Zahl der Umsiedler und die Menge der überschemmten Sachen sind in der Geschichte des Wasserbaus auch selten anzutreffen. Nach dem Konzept für den Normalwasserspeicherungsstandard von 175m werden das Ackerland, Obstgarten und Waldland insgesamt von 2,800 ha von 20 Kreisen (Kreistadt, Bezirk) in Provinz Hubei und Stadt Chongqing überschwemmt und 1,136 Mio Einwohner sollen auswandern, man nennt dies "Umsiedung von Million". Mit dem Preis von Mai 1993 abgerechnet, benötigt die Umsiedlung von Stauseezone eine gesamte Investition von 40Mrd.Yuan für Entschädigungsleistung.

Die Durchführung des Drei-Schluchten-Projektes befolgt die Richtlinie "Erschließung erster Klasse, Fertigstellung auf einmal, etappenweise Wasserspeicherung und kontinuierliche Umsiedlung ". Bis Ende 2000 waren 689,400 Personen umgesiedelt, davon wurden die meisten Umsiedler noch in anderen Ort innerhalb von Stauseezone angeordnet und ca. 100,000 Einwohner aus dieser Stauseezone in 25 Provinzen, Städten oder autonomen Gebieten eingewandert. Die Durchsetzung der Politik zu der "erschließenden Umsiedlung" hat die gute Basis dafür gemacht, daß die Umsiedler von Stauseezone sorglos umziehen, wohl wohnen und reicher werden können". Dafür ist noch dankbar den normalen Einwohnern von Stauseezone von Drei-Schluchten-Projekt, weil sie still dieses alls ertragen, so daß heute die Umsiedlung und die Bauarbeit reibungslos durchgeführt werden können.

Nach dem Baustil von Han-Dynastie gebaute Straße von Zigui

Neue Wushan-Kreistadt

Umsiedler von Drei-Schluchten

Neue Zigui-Kreistadt

Neue Siedlungen für Umsiedler

Geologie und Erdbeben

Der Standort des Staudamms von Drei-Schluchten-Projekt befindet sich auf der Zhongbao-Insel in Sandouping von Yichang der Provinz Hubei und liegt auf dem altertümlichen kristallinen Felgestein von Sinia-Periode. Die Bedeckungsschicht auf dem Flußbett ist nicht dick, der Grund ist Granit, Dicke der verwitterte Schicht an beiden Ufer ist ca.20-30m, aber die verwitterte Schicht von Flußbett ist sehr dün und der frischer Grund ist komplett und hat die gleiche Eigenschaft, höhere mechanische Festigkeit, geringe Wasserdurchlässichkeit und kleines Bruchausmaß hauptsächlich in Form von Steilhang, und zu meisten gut zusammengeklebt. In einem Bereich von 10km ober- und unterhalb von Standort Stauseedamm's, in dem sich die kristallinen Steine ausgebreitet sind, zeigt sich kein aktiver Bruch und keine schlechte physikalische geographische Tendenz.

Die Gegend, wo die Wasserbauanlage von Drei-Schluchten-Projekt gebaut wurde, hat einen geographischen Hintergrund ohne in sich geborgenes starke Erdbeben. Und der Huangling-Gebirgsstock, wo sich der Standort Staudamms befindet, ist ein Massiv von höherer Stabilität. In dieser Gegend scheint die Erdbebentätigkeit relativ schwach, und die Stärke sowie Häufigkeit des Erdbebens sehr niedrig.

Das duch Stausee hervorgerufene stärkere Erdbeben bedeutet ein Ausdruck, daß das tektonische Erdbeben auf die Veranlassung der Wasserspeicherung in Stausee vorzeitig seine Energie freisetzt. Das Erdbeben ist ein in einem kurzen Augenblick passiertes Ereignis, und die Möglichkeit, daß das durch Stausee hervorgerufene Erdbeben und das tektonische Erdbeben zusammen “addiert” antreten, ist sehr gering. Nach Folge der Analyse aller ungünstigen Bedingungen ist zu ersehen, daß das Erdbeben, das den Staudamm beeinflußt, die konstruierte Stärke von 7. auf der Richterskala nicht überschreiten, darum wird die Sicherhet der ganzen Wasserbauanlage bei Drei-Schlucnten nicht beeinträchtigt.

Ausgraben von Fundmentgestein für Großdamm am Linksufer

Grundgestein für Großdamm

Konzepte zur Lösung der wichtigen Probleme von Drei-Schluchten-Projekts

Großdamm unter dem Abendrot

Kriegsdrohung

Die Wasserbauschlüßelanlage bei Drei-Schluchten ist nicht nur die Energiebasis für Mittelchina, Ostchina und Südwestchina und als auch die wichtige Verkehrsader, die Osten und Westen durchquert, daher wird sie das wichichtiges Ziel, was der Feind angreift, deswegen muß man bei der Planung des Drei-Schluchten-Projektes berücksichtigen, wie man die Kriegsdrohung behandeln kann.

Die Wasserbauschlüßelanlage bei Drei-Schluchten befindet sich im Binnenland Chinas. Der Staudamm von Drei-Schluchten-Projekt ist eine Schwerbetonmauer verfügt selber mit deren vorteilhafter geographischer Lage und eigener Größe über die ausreichende Beständigkeit gegen feidlichen Angriff mit konventionellen Waffen. Unter Berücksichtigung der Krieksdrohung und von allen ungünstigen Umständen einschließl. des Falls, daß der Staudamm bei dem feindlichen Angriff mit Kernwaffen brecht, ausgehend wurde außer den nötigen Schutzmaßnahmen noch die größte Auslaßschleuse zu Wasserbauschlüßelanlage in der Welt, damit beim Krieg das gespeicherte Wasser im Stausee erfordlich zu vermindern. Jeder Krieg hat seinen Entwicklungsprozeß und auch Vorzeichen. Bei Drei-Schluchten-Projekt kann ein Frühwarn-Auslauß erfolgen, um die Schädigung infolge des eventuellen Brüche von Staudamme am Unterlauf unterhalb von Stausee zu vermindern. Zugleich zeigt die Folge der Analyse von Experten an, daß eine enge zickzackförmige Flußstrecke mit einer Länge von ca. 30 km am Unterlauf unterhalb von Staudamm die Rolle der Hochwasserregelung spielen kann, wenn der Staudamm beim feindlichen Angriff brecht. Von Nanjing-Paß aus werden sich die Stromgeschwindigkeit und Durchflußmenge deutlich vermindern, und als der Wasserlauf mit dem Hochwasser von Dammbrüche in Hüngelland ankommt, fießt das Wasser ruhiger, und noch ruhiger, so daß das Hochwasser im Flußlauf mit Sicherheit gut abgeleitet werden kann, daher wird die Schädigung durch das Hochwasser von Dammbrüche beträchtlich beeinträchtigt. Notfalls kann man den Wasserstand weiter herabsetzen sowie das Wasser im Stausee zum größten Teil ablassen, damit sich ein Radialkraftwerk bilden und die Schädigung durch das Hochwasser von Dammbrüche grundsetzlich beeinträchtigt und vermindert wierden kann.

Finanzquelle

Für die Wasserbauanlage bei Drei-Schluchten, deren Umfang so groß und Bauzeit so lang ist, wird das Finazierungskapital durch mehre Kanäle beschafft, bzw. hauptsächlich durch Annehmen von staatlicher Kapitalanlage, Darlehen bei staatlicher Entwicklunhsbank und Handelbank im Inland, Auflegung der Anleiheschuldverschreibung des Unternehmens, Aufnehmen von Beteiligungskapital, Annehmen von Expotkredit und von Devisenkredit des ausländischen Bankkonsortiums.

1. Kapitalanlage

Aubaufonds für Wasserbauanlage bei Drei-Schluchten (Erhöhung von Strompreis

Gewinn aus Stromerzeugung des Kraftwerk von Gezhouba (vor Systemwandlung)

Einkommensteuerrückvergütung und Gewinnverteilung von Yangtze-Fluß Elektrizität AG (nach Systemwanlung)

Gewinn aus Stromerzeugung von Wassrkraftwerk bei Drei-Schluchten nach der Inbetriebnahme und deren Einkommensteuerrückvergütung

Auf diesen vier o.g. Weisen können ca. 80MrdYuan, dieses 45% der gesamten Investition (180.0Mrd.RMB) ausmacht, für den Aufbau der Wasserbauschlüßenanlage bei Drei-Schluchten beschafft werden, und davon ist der Aubaufonds für Wasserbauanlage bei Drei-Schluchten in Form der staatlichen Kapitalanlge ist eine der stabilsten Finazquelle von Drei-Schluchten CProjekt.

2. Politikbezogenes Darlehen bei Banken

Die staatliche Entwicklungsbank interveniert als eine politikorientierte Bank Anfang der Bauarbeiten von Drei-Schluchten-Projekt und hat ab 1994-2003 jährlich Kredit von 3Mrd.Yuan und mit einer Summe von 30Mrd.Yuan versorgt, womit hat sie eine positive Rolle bei der Ingangsetzung des Drei-Schluchten-Projekts gespielt. Diese ist auch eine eine der stabilsten Finazquelle von Drei-Schluchten CProjekt.

3. Auflegung der Anleiheschuldverschreibung des Unternehmens

Aufbaufinazierung von niedrigen Konsten direkt auf dem Kapitalmarkt suchen. Bis zu Ende 2003 beträg das Gesamtanleihemittel 19Mrd.Yuan aus 6 maligen Auflegung der Anleiheschulverschreibung des Unternehmens von Drei-Schluchten-Projekt.

4. Beteiligungskapital

2003 wurde die Yangtze-Elektrizität AG reibungslos auf Markt gebracht und ist sie ein Fenster zum Aufnehmen des Beteiligungskapitals auf dem Kapitalmarkt von Drei-Schluchten- Gesellschaft geworden.

Durch Annehmen von Darlehen bei staatlichen Entwicklunhsbanken und Handelbank, Annehmen von Expotkredit und von Devisenkredit des ausländischen Bankkonsortiums wurde eine Summe von 11Mrd.Yuan bis zu 2003 beschafft.

Position und Bezeichnung	Einheit	Parameter
Gesamtinvestition für unbewegliches Vermögen	0.1Mr. Yuan	90.09
Schlüßelprojekt	0.1Mr. Yuan	50.09
Enschädigungsleistung für Schaden durch Überschschwemmung	0.1Mr. Yuan	40
Gesamtinvestition für Mobiliarvermögen	0.1Mr. Yuan	203.9
Gesamtinvestition für Mobiliarvermögen (neueste Veranschlagung)	0.1Mr. Yuan	180

Ingenieurökonomie und Finananlyse

In der Periode vorläufiger Konstruktion und der Durchführbarkeitsuntersuchung für das Projekt hat man gemäß dem Prinzip der Verantwortung gegenüber der Zukunf die Durchführbarkeit und Rationalität der Ingenierökonomie und Finanz von Wasserbauschlüßelanlage allseitig analisiert, und die Schlußfolgung dieser Analyse heißt, daß die Verwirklichung von Drei-Schlluchten- Projekt wirtschaftlich günstig und finaziell durchführbar. Nach dem Bericht über die vorläufige Konstruktion der Wasserbauschlüßenanlage bei Drei-Schluchten des Yantze-Fluß (Dez. 1992) liegt die finazielle Innenertragsrate bei 11.25% und dauert die Kreditrückzahlungszeit 24.59 Jahre sowie die Investitionsabzahlungszeit dauert 19.2 Jahre.

Im Jahre 2003 wurden erfolgreich verwirklicht die Anfangswasserspeicherung im Stausee und Schiffahrt durch ständifge fünfstufige Doppelweg-Schiffsschleuse und Stromerzeugung der erster Serie Generatorenaggraten von Wasserkraftwerk zu Drei-Schluchten-Projekt. Der Folge der Mittelnutzungsannalyse nach kann die Gesamtinvestition für dieses Projekt schätzungsweise auf eine Summe von 180Mrd. Yuan beschränkt werden und ist die Wirtschaftlichkeit von diesen Anlagen besser als die Folge der Bewertung in Periode der Durchführbarkeitsuntersuchung und vorläufiger Konstruktion für dieses Projekt.

Luftbildaufnahme von Wasserbauschlüßelanlage bei Drei-Schluchten

Bestandteil von Drei-Schluchten-Pprojekt

Gezhouba-Staudamm, das erste Wasserbau-Schlüßelprojekt an dem Changjiang-Fluß, ist ein großes Kratfwerk, das von China Selbst geforscht, konstruiert und gebaut wurde. Er bindet sich im Stadtgebiet von Yichang, die Ausgang von Drei Schluchten des Changjiang-Flußes ist, und entfernt sich von Nanjing-Paß an der Mündung der Westgrabschlucht 2.3km, von Sanxia-Staudamm im Oberlauf 38km.

Von Nanjing-paß aus erweitert der Schangjiang-Fluß Seine Breite von 300m an 2200m. Hier wurde das Changjiang-Flußwasser durch Gezhouba-Staudamm und Weststausedamm in drei Strömen geteilt. Da das Wasserbau-Schlüßelprojekt hier gebaut wurd, bekommt es diesen Name.

Das Wasserbau-Schlüßelprojekt hat eine gesamte Länge von 2606.5m und die Höhe von 70m, den Arbeitsbreich von ca.9km^3 .Es umfaßt Staudämme , drei Schiffsschleusen, zwei Fabrikgebäude für Wasserkraftwerk, eine Auslaßschleuse, zwei Sandabspülungsschleusen und Wassersperrungswand. Die im Damm bestehenen 27 Auslaßschleusen können das besondere große Hochwasser 110,000m^3 /Sekunde ablassen. Die 21 Generatoren mit einer installierter Kapazität von 2,715,000kW können jährlich den elektrischen Strom von 15.7Mrd.kW erzeugen, der nach Shanghai, Provinz Henan,Hunan,und Stadt Wuhan geleitet. Im Gezhouba-Staudamm bestehen auch 3 einstifoge Schiffsschleuse, davon sind zwei passierbar für den Dampfer von 10,000tdw. Die einspurige Schiffarhtskapazität der befahrbaren Bauten kann jährlich 50, 000,000t erreichen.

Gezhouba-Staudamm-Wasserbauschlüßelprojekt hat mit seinem Bau am 30. Dez. 1970 begonnen und in Mai 1981 wurde die Schleuse von erster Phase des Projekts für Wasserspeicherung geschloßen. Das Projekt mit einer gesamten Investition von 4.8Mrd. RMB wurde am 20.Dez.1988 allsetig fertiggestellt. Gezhouba-Staudamm wurde zweimal durch Hochwasser, wie es seit hundert Jahrennicht mehr dagewesen ist, getrennt vom 1981 und 1998, erprobt.

Wasserbauschiüßelprojekt bei Gezhouba aus Luftphotographie

Wasserbauschlüßelanlagen bei Gezhouba

Wichtige Kennziffer des Gezhouba-Wasserprojekts

Bezeichnung	Einheit	Kennziffer
Einzugsgebiet oberhalb des Damms	Km^2	100×10^4
Normalwasserstand	m	66
Höhe der Dammkrone	m	70
Wasserspeicherkapazität	m^3	15.8×10^8
Durchschnittliche Durchflussmenge innerhalb mehrerer Jahre am Dammsitz	m^3/s	14,300
Geplante Durchflussmenge beim Hochwasser (nach dem Hochwasser vom 1788)	m^3/s	86,000
Überprüfte Durchflussmenge beim Hochwasser (nach dem Hochwasser vom 1870)	m^3/s	110,000
Tonnage der Flotte,die die 1.und 2. Schiffsschleuse passieren kann.	t	$(1.2\text{-}1.6) \times 10^4$
Tonnage der Flotte, die durch die 3.Schiffsschleuse Passieren kann.	t	0.3×10^4
Installierte Kapazität	kw	271.5×10^4
Durchschnittliche Stromerzeugung Pro Jahr	Kwh	160×10^8
Hochwasserableitungsmenge der27 Grundablässe	m^3/s	86,900
Länge des Staudamms	m	2,606.5
Betonarbeiten	m	1.113×10^4
Gesamte Erdarbeiten	m	1.113×10^8
Gesamte Metallkonstruktionsarbeiten	t	7.75×10^4

Auslaßdamm von Gezhouba

Schiffsschleuse von Gezhouba

Wasserbauschlüßelanlagen bei Gezhouba

Schutz der Drei-Schluchten-Kultur und Altertümerschutz

Der Schutz von altertümlichen Baulichkeiten, Gemeinden und den auf Stein geschnitzten Inschriften und Reliefs innerhalb der Stauseezone wurde von allen Welten im In-und Ausland aufmerksam verfolgt. Die überschwemmten historischen Relikte wie Weißkranich-Balken, Zhang-Fei-Tempel, Shibao- Bergfeste und Qu-Yuan-Tempel werden im Geist "Schutz vor Ort und Nachbau in anderem Ort" planmäßig geschutzt und nachgebaut. Die überschwemmten altertümlichen Gräbe unter Erde innerhalb der Stauseezone werden auf der Basis der allgemeinen Untersuchung zum Schwerpunkt ausgegraben und dazu werden die Funde in Oordnung gemacht.

Shibaozhai-Bergfeste von Zhong-Kreis

Das Shibaozhai-Bergfeste von Zhongxian-Kreis befindet sich an dem Nordufer des Yangtzeg-Flußes im Gebiet des ZhongCKreises. Diese Bergfeste wurde ursprünglich in der Zeit von Kaiser Wanli der Ming-Dynastie gebaut und hat eine Geschichte bis heute von 300 Jahren. Mit einer Höhe von 56m und 12 Etagen wurde sie auf einem emporragenden riesigen Stein namens "Jadesiegel-Berg", der wie ein Jadesiegel aussieht, gebaut. Dem Märchen nach sei dieser Berg ein Stein zu der Unterdrückung von Hexen, den die Göttin Nüwo bei der Himmelausbesserung auf der Erde vergessen hätte. Ende der Ming-Dynastie bruch der Tanghong-Aufstand aus und die aufständliche Armee baute ein Pfahlwerk hier zu der Bergfeste auf. Daraus kamm der Namme dieses Pfahlwerks "Shibaozhai-Bergfeste) aus der Welt. Die Shibao-Bergfeste ist eine Perle der chinesischen Archtektur im Altertum und wurde zu den Acht Wundern der Welt und auch zu den Schwerpungschtzgebauten eingeordnet sowie zu einer touristischen Sehenswürdigkeit des staatlichen Rangs von "AAAA" gemacht.

Nach der Normalwasserspeicherung im Stausee von Drei-Schluchten-Projekt bis zu 175m kann der Jadesiegel-Berg, auf dem das Shibaozhai- Bergfeste liegt, weich gemacht werden und wird zusammenstürtzen, wenn der Schlammstein eingeweicht wurde, wodurch kann die Sicherheit der alten Baulichkeiten auf diesem Berg gefährden. Der Schüßel für Schutz der Altertümer von Shibaozhai- Bergfeste besteht darin, die altertümlichen Baulichkeiten und auch den Jadesiegel-Bergkörper zu befestigen und das Grundwasser zu regulieren sowie die Landschaft in Umgebung zu sanieren. Dazu wird der im Jahre 2002 von dem Institut für Untersung, Vermessung und Planung des Yangtze-Flußes vorgebrachte Konzept über "Schützen der Börschung und Bauen des Stahltors" durchgeführt. Die Kosten für die Verwirklichung von diesem Konzept wurde auf 100Mio.Yuan veranschlagt.

Nach der Fertigstellung der Wasserbauschlüßelanlage bei Drei-Schluchten des Yangtze-Flußes kann man unterweg nach Chongqing beim Vorbeifahren an Shibaozhai- Bergfeste die einzige Insel in der Stauseezone zu Gesicht bekommen. Diese Insel ist sie, die das Shibazhai- Bergfeste zu der größten "Topfpflanze" der Welt über dem dunstverhangenen Yangtze-Fluß macht.

Zhang-Fei-Tempel

Zhang-Fei-Tempel befindet sich am Fuß des Berges von fliegendem Phönix am Südufer des Yangtzeg-Flußes in Gebiet von Kreis Yunyang zu Chongqing und steht der Neukreisstadt von Yunyang am anderen Ufer gegenüber. Er wurde zum Opfern an Zhangfei, der berühmte General vom Shu-und Han-Reich in der Zeit der Drei Reichen, gebaut. Der aus einer Gruppe von künstlerischen und altertümischen Baulichkeiten bestehende Tempel ist majestßtisch und stattlich. Die Haupterbauten davon sind die Haupthalle, Nebenhalle, Bruderschaftsschließungspavillon, Gartenhäuschen zu Blicken der Wolken, Pavillon zur Windhilfe, Pavillon von Kuckkuck und Pavillon zum Genießen des Mondlichts. Die vorderen fünf davon wurden zum Gedenken an Zhangfei und die hinteren zwei an Dichter Du Fu aus der Tang-Dynastie, der hier zwei Jahre als Gast gewohnt hatte, gebaut. Dieser Tempel ist ein seltener Tempel mit einer Integration von Zivilisation und Militär.

Im Juli 2003 wurde der Tempel entsprechend dem Prinzip “Sanierung des Altertums wie Original” im ganzen in einen Ort am Yangtzeg-Fluß, der ca 10 km weiter von Oberlauf des Yangtzeg-Flußes ist verlagert. Der verlagerte Zhang-Fei-Tempel hat alle Sachen wie einen Mauerziegel oder Dachziegel im Original gehalten, und dessen geographische Lage ist auch mit der originalen übereinstimmt. Dazu wurde eine Fläche für archäologische Ausstellung neu geschafft, und daher ist die Gesamteffizenz des Tempels ist noch besser.

1.Pavillon von Windhilfe
2.Innenbild von Zhangfei-Tempel
3.Zhang Fei Tempel

Zhang Fei-Tempel vor der Verlagerung

Zhang Fei-Tempel nach der Verlagerung

Baidi-Stadt

Die Baidi-Stadt befindet sich an dem Baidi-Berggipfel an Nordfufer der westlichen Flußmündung von Qutang-Schlucht,wo sich die Pavillons mit Dachschwingungen und roten Wänden sowie grünen Dachziegeln unter denüppig gedeihenden und grünen Wald verstecken.Das über tausande Jahre überlieferte Gedicht vom dem großen Dichter der Tang-Dynastie Li Bai"Ich gehe am Frühmorgen von Baidi-Stadt in farbigen Wolken aus,mit der Farht von tausend Li(500 Kilometer)werde ich in einem Tag in der Stadt Jiangling ankommen.Die Affen von beiden Ufern quieken unaufhörlich,und der leicht Boot ist schon zehn Tausende Berge vorbeigefahren macht die Baidi-Stadt in der Welt bekannt, deshalb ist sie eine bekannte Sehenswürdigkeit von Sanxia-Schluchten.

Nach der historieschen Aufzeichnung:in den letzten Jahren der Westlichen Han-Dynastie machte sich Gongsun Shu gestützt an die Provinz Sichuan zum König und hatte an dem Berg die Stadt gebaut, Da aus einem Brunen steigte der weißer Nebel wie ein weißer Drachen an, so hatte sich der Gongsun Shu unter der Ausnutzung dieser Erscheinung selbst als weißer Kaiser bezeichnet und der Stadt den Name Baidi-Stadt gegeben. Nach dem Tot von Gongsun Shu hatten die Einheimischen an dem Berg einen Tempel gebaut und ein Porträt von Gongsun Shu errichtet. Diesre Tempel wurde als Baidi-Tempel genannt.

Im Baidi-Tempel bestehen die Erbauten aus Ming-und Qing-Dynastien wie Mingliang-Palast, Wuhou-Ahnensaal und Sternebeobachtungspavillon. In der Gedenksteigalerie an beiden Seiten von links und rechts verstecken sich 74 Gedenksteine aus verschiedenen Dynastien. Der große Farbstatue mit Thema "Liu Bei betraut mit einem Waisenkindern" beeindruckt jeden tief. Jeder, der den Roman "Die Drei Reiche" durchgelesen hat, kennt die Geschicht "Liu Bei betraut mit eine Waisenkindern"beeindruckt jeden tif.Jeder,der den Roman"Die Drei Reiche"durchgelesen hat,kennt die Geschicht"Liu Bei betraut mit seinen Waisenkindern".Der Ort, wo Liu Bei mit den Waisenkindern vertraut hatte, ist Baidi-Stadt. Im Jahre 222 führte Liu Bei die Armee mit 0.2 Mio.Soldaten nach Osten, um den General Guan Yu zu rächen. Aber die Lius Armee wurde vom dem General des Dongwu-Reiches durch Feuerüberfall besiegt und mußte einen Rückzug bis Jianping zu Hexenberg antreten. Liu Bei war schließlich infolge der Überarbeitung krank geworden. Kurz vor seinem Tot rufte er seinen Kanzler Zhuge-Liang zu ihm und vor seinem Krankenbett vertraut er ZhugeLiang mit seinem ersten Sohn Liu Chan, zweiten Sohn Liu Yong und dritten Sohn Liu Li. Dies wurde in der Historie als "Liu Bei betraut mit seinen Waisenkindern" Genannt. In der Baidi-Stadt kann man einen Gefühl haben, ob er sich im historischen langen Fluß Schwingt.

Die Wasserspeicherung bis die Höhe von 139m wird keinesfalls die Baidi-Stadt negative beeinflußen. Heute ist Baidi-Stadt in drei Seiten von Wasser umgeschloßen und in einer anderer Seite lehnt sie sich an den Berg an. Baidi-Stadt, wo der Held Liu Bei vor 2000 Jahren mit den

1

2

Waisenkindern vertraut hatte, ist heute eine schöne Halbinsel geworden. Mit weiterer Wasserspeicherung in Sanxia-Anlage vom Jahre 2006 wird hier endlich ein Paladies sein, wo der legendärer Wohnwort der Götter wird.

Es wird hier von dem Nordufer des Yangtze-Flußes aus bis zu der Insel eine schörne Korridorbrücke zum Schutz von Wind und Regen und aufgebaut.

1.Tuogu Halle von Liu Bei
2.Das Tor der Baidicheng Stadt
3.Scharme von Baidi-Stadt in Herbst

3

Qu-Yuan-Tempel

Qu-Yuan-Tempel befindet sich in alter Stadt Guizhou der Gemeindenebe, Diese kleine Stadt hat eine 2300 jährige Geschichte. Sie hat zwar eine Bodenfäche nur von 0.6m^3 . Aber als der Zeuger vieler Wechselfälle des Changjiang-Flußes besitzt sie den unersetzbarn Platz in der Geschicht. Sie hatte das Mystizismus des alten Kuizi-Reiches,Gedeihen und Abgang des Chu-Reiches,Heldentum von Drei Reichen,Anmute der Tang-Dynastie, Stattlichkeit der Song-Dynastie, Dekadenz der Qing-Dynastie und Anschwung der Neuzeit deduziert...

Qu-Yuan-Tempel wurde zum Gedenken an Quyuan gebaut, Qu Yuan, namens ping, geb. Im Jahre 340 v.Zin Lepingli der Kreisstadt Zigui, war der früheste große patriotische Dichter Chinas. Im Altertum war er ein Beamter für Verwaltung von drei Gassen des Chu-Reiches, Später wurde er von dem ungetreueren Hochbeamter des Kaisers weggestoßen und an das südliche Gebiet des Changjiang-Flußes verbannt. Als Chu-Reich von seinem Feind Qin-Rech besiegt wurde, hatte er sich in den Miluo-Fluß geworfen und sein Leben für sein Vaterland hingegeben.Seine Gedichte wie "Lisau", "Neun Kapite", "Neun Lieder" usw. überliefern bis heute und sind in der Welt bekannt.1953 wurde Qu Yuan von UNESCO zu den weltbekannten Literaten gezäht.

Die Wasserspeicherung in Sanxia-Anlage bis Höhe von 139m wird den Qu-Yuan-Tempel, die berühmte Sehenswürdigkeit in Kreis Zigui der Provinz Hubei, nicht viel negative beeinflußen. Der heutige Qu-Yuan-Tempel ist im Jahre 1976 wegen der Ausführung des Gezhouba-Damms von Qu-Yuan-Bucht hier sumgezogen und umgebaut. Mit der weiteren Wasserspeicherung in Sanxia-Anlage kommt der Tempel dem zweiten Umzug entgengen. Er wird östlich an den Phönix-Berg in Gemeinde Maoping der Neustadt umziehen.

Qu-Yuan-Tempel

Alte Dachang-Gemeinde

Die altertümilche Dachang-Gemeinden im Wushan-Kreis ist die größte Gemeinde im Einzugsgebiet des Daning-Flußes, der Nebenflußes von Yangtze-Fluße ist, und hat eine Geschichte von ca. 1700Jahren. Sie befindet sich am liken Ufer des Daning-Flußes und ist an drei Seiten bzw. Osten, Westen und Süden vom Wasser umgegeben. Die von Osten nach Westen führende Hauptstraße in der Gemeinde ist 450m lang und die von Süden nach Westen führende Straße knapp 300m. In dieser Gemeinde sind drei Stadttore gut gehalten worden und die kunstvollen Gebäude mit geschnitzten Balken und Pfeiler wurden zum meisten in der Zeit von Qing-Dynastie gebaut.

Erfreulich ist, daß diese klassische Gemeinde mit erneuter Wasserspeicherung im Stausee von Drei- Schluchten-Projekt im Jahre 2006 im ganze in einer neuen Gemeinde, die sich einige Kilometer von dessen altem Standort entfert, kopiert bzw. "gecront" wird. Dann wird der alte Standort der Gemeinde ein ebener See mit den Märchen und Legenden von 1700 jähriger Geschichte der alte Dachang-Gemeinde werden eine ewige Erinnerung sein.

1

2

3

1.Seltsame Zypresse in slter Gemeinde
2.Südtor der alten Landstadt
3.Eine Ecke der alten Gemeinde

Oststadtor von alter Gemeinde

Guiling-Dorf in alter Xintan-Gemeinde

Das Guiling-Dorf von Xintan-Gemeinde befindet sich am westlichen Abschnitt der Westgrab-Schlucht und steht am gegenüberligenden Ufer von Quyuan-Gemeinde (füher Xintan-Gemeinde) im Kreis Zigui. Es ist das größte alte volkstümliche und auch gut erhaltene Wohnhausgruppe mit ihrer ausgeprägten Besonderheit und längster Geschicht im ganzen Gebiete von Drei-Schluchten.

Vor dem Jahre 2002 gab es nur zwei Landstädte, die mit schöner Landschaft von Wasser und Bergen sowie dem natürlichen Bevölkerungsverhältnis im ganzen gut erhalten sind. Davon eine ist die alte Dachang-Gemeinde im Kreis Wushan am Mittellauf des Daning-Flußes, und die andere ist die in chinesischer Ming-und Qing-Dynastie aufgebaute Wohnhausgruppe vom Guilin-Dorf in Gemeinde Xintan.

In Hinsicht auf die archtektorische Vorzüglichkeit und künstlerisches Niveau sowie natürliche Landschaft ist das Guilin-Dorf das beste von beiden sowie im ganzen entwickelten Bezirk..

Die Besonderheit “Schiefe Tür und schräger Weg” der Wohnhausgruppe im Guilin-Dorf unterscheidet sich von den anderen im entwickelten Bezirk. Die Haustüren in diesem Dorf sind alle etwa schief und die Straßen strecken sich schräg. Der Ansicht der Experten nach, es sei die Teorie von “Geomant” im Altertum: die Bodenbeschaffenheit hier zu gut und es gedeiht zu üppig, es brauchte durch “Schiefe Tür und schräger Weg” zu neutralisieren, damit dieses Gedeihen zehen Tausende Jahre dauern könne. Dieses Dorf ist sehr wundbar, und mit dem vergleichbar kannte nur die gegenüberliegende ehemalige alte Xintan-Gemeide, diese aber leider bei einem Riesenerdrutsch im 80ger Jahre des letzten Jahrhunderts zerstört geworden war. Nach der Waaserspeicherung im Stausee von Drei-Schluchten-Projekt wird das heutige Guilin-Dorf auch verschwinden. Aber erfreulich ist, daß die Hauptbaulichkeiten von diesem Dorf schon auf dem Phönix-Berg wiedergebaut wurden.

Wiederaufbau der Altertümer

Das malerische Landschaftsgebiet am Phönix-Berg von Neustadt des Kreises Zigui gehört zu der Stauseezone von Drei-Schluchten-Projekt, wo die Altertümer wiederaufgebaut werden. Zum Gedenken Quyuans und zur Präsentieren der Zivilisation von Bergschluchten wird jetzt der Quyuan-Park mit den Herzstücken wie Quyuan-Temppel, Himmelfragen-Plattform, Museum und Chufeng-Pavillon auf dem Phönix-Berg gebaut. Hier werden noch 24 volkstümliche Privathäuser und Altertümer wiederaufgebaut. Wenn diese fertiggebaut würden, wäre eine Szene zu sehen, daß die Menschen und die Natur bzw. die Historie und Realität miteinander in einer äußerst harmonischen Beziehung stehen. Man käme in den Raumzeit-Tunnel, wenn er durch die im Bau stehenden Privathäuser gehend den Stausee von Drei-Schluchten aus weiter Ferne bewunderte.

Bei jedem Drachenbootfest werden die Einwohner von Wasserstadt am Fuß Phönix-Berges durch Bootsrennen des in der Welt bekannt Literat, Quyuans gedenken.

Der Phönix-Berg ist der Anfangspunkt der Reise durch Drei-Schluchten, nachdem die Landschaft "steilen Klippen ragen über ebenem See auf" gebildet wurde. Nach der erfolgten Normalwasserspeicherung im Stausee von Drei-Schluchten-Projekt war der Phönix-Berg eine Halbinsel geworden. In einer einzigartiger geographischer Lage entfernt sich der Phönix-Berg ca. ein Kilometer von Staudamm bei Drei-Schlucten. Man wird tief beeindruckt, wenn er von hier die Schluchten und Stausee von Drei-Schluchten bewundern.

Nachgebauter Jiangdu-Tempel bei Westgrab-Schlucht

Die auf dem Steine geschnitzte Inschrieften über Hydrologie in der Stauseezone

Den Ufer des Yangtz-Flußes entlang bestehen viele Inschriten über die Hodrologie, die zu meisten über das Hochwasser und wenige über Niedrigwasser. Die wertvollsten davon sind die auf dem Weißkranich-Steinebalken in der Flußmitte des Yangtz-Flußes an Fuling in Stadt Chongqing geschnitzten Inschriften. Der Natursteinbalken ist ca.1600m lang und ca. 16m breit, und auf diesem geschnitzten Inschriften stellen um das Thema "der aus dem Wasser gesprungene Fisch verspricht gute Ernte" die Regel der guten Ernte dar und sind die wichtigen historischen Materialien für die wissenschaftliche Forschung.

Nachdem, daß die Wasserbauschlüßelanlage bei Drei-Schluchten fertiggestellt wurde und das Normalwasserspeicherung erfolgt ist, wird der Weißkranich-Steinbalken unter dem Wasser stehen. Zum Schutz der auf dem Weißkranich-Steinbalken geschnitzten Inschriften werden mehre Konzepte vorgelegt und davon wurde der Konzept "Schutz mit Behälter ohne Druck" nach mehren Beweiführungen angenommen. Nach diesem Konzept ist eine Unterwasserschutzkonstruktion in der Zone, wo die geschnitzten Inschriften hochkonzentriert sind zu errichten, und in diese Schutzkonstruktion wird das Wasser über eine Filteranlage geführt, damit ein Ausgleich von Außenwasserdruck und Innenwasserdruck erreicht werden kann. Übrigens wird ein abgeschloßenes Schaukorridor, das mit dem Bodenfläche verbunden ist gebaut, damit die Touristen besichtigen können. Durch die speziellen Fenster kann man näher die auf dem Weißkranich-Steinbalken geschnitzten Inschriften bewundern.

Wenn das Weißkranich-Museum für geschnitzte Inschriften fertig gebaut würde, könnte ein bald auf, bald ab im Wasser schwimmende Riesendeckel wie ein geheimnisvolles U-Boot die Aufmerksamkeit zahlreicher Touristen auf sich lenken.

So bekannt wie diese geschnitzten Inschriften auf dem Weißkranich-Steinbalken sind der geschnitzte Drachenbett-Stein von Fengdu und Drachenrücken-Stein in dem Kreis Yunyang, aber leider sind sie mit der Normalwasserspeicherung in dem Stausee von Drei-Schluchten-Projekt bis auf den Boden des Flußes gesunken.

1.Drachenbettstein
2.Drachenrückenstein
3.Steinefisch

Weißkranich-Balkon Fuling

Geschnitzte Steine bei Drei-Schluchten

Im Gebiet von Drei-Schluchten wurden viele Inschriften oder Reliefs auf den Steine, Denkmäler, steilen Felswänden an beiden Ufern oder den Klippen im Strand geschnitzt, deren Inhalt umfaßt die hydrologische Auzeichnung über das Hochwasser oder Niedrigwasser, Fischgeschäft, den Vertrag über Abgrenzung des Eigentums an Gebiergswald und auch die Sanierung der Untiefe und Ausbaggerung des Flußes sowie auch Wohltat, aber mehr noch den Lob über die schöne Nater von Bergen und Flüßen.

Bevor das Wasser in Stausee von Drei-Schluchten-Projekt gespeichert wird, wurden mehre wertvollen geschnitzten Steine, die überschwemmt werden können, effekt geschützt, z.B. die an dem steilen Felsen bei Qutang-Schlucht geschnitzten berühmten Inschriften werden gemäß dem Prinzip "Schutz vor Ort" nachgemacht, wodurch die auf der steilen Felswand geschnitzte Histroie überliefert werden kann.

1.Die von Natur auf dem Stein geschnitzte "breite Kluft zwischen Reichen Chu und Schu"
2.Die an steilen Felswänden geschnitzten Inschriften und Reliefs bei Sanyou-Höhle
3.Die nachgemachte geschnitzte Widmung bei Qutang-Schlucht

Die an steilen Felswänden geschnitzten Inschriften und Reliefs bei Qutang-Schlucht

Touristische Landschaft von Drei-Schluchten des Yangtaz-Flußes

Die Drei-Schluchten des Yangtaz-Flußes ist mit einem Abschnitt des Yangtze-Flußes gemeint, der duch die engen und tiefen Bergschluchten geprägt und eine der zehn großsten Sehenswürdigkeiten Chinas ist. Er beginnt westlich von der Baidi-Stadt im Kreis Fengjie zu Chongqing und beendet sich östlich an Nanjing-Paß von Yichang der Provinz Hubei. Mit einer Gesamtlänge von 200km besteht dieser Flußabschnitt aus drei Bergschluchten bzw. Qutang-Schlucht, Hexenschlucht und Westgrabschlucht und wurde als "Drei-Schluchten des Yangtze-Flußes" genannt.

Um die Errichtung der Wasserbauschlüßelangen bei Drei-Schluchten sind viele Leute besorgt: werden die Drei-Schluchten immer noch schön wie früher? Die Felswanäde von Yangtze-Fluß sind ca. mehre Hunderte hoch und die Berggipfel erreichen die Höhe von 1000m oder 2000m. Im Vergleich zu dem Naturwasserstand des Flußes wurde der Wasserstand von Drei- Schluchten-Stausee nur um 70-100m erhöht und die Breite der Wasserberfläche von Drei- Schluchten-Stausee zu der naütrlichen auch nur um ca.100m erweitert. Trotz der Schluchtgefühlminderung können grundsätzlich die Schluchten majestätisch, stattlich, tief und dunkel erscheinen. Die Gipfel an beiden Ufer der Qutang-Schlucht sind mehr als 1000m über dem Meerspiegel und die Überschwemmung infolge der Wasserstander;ohunghöhungeehöhung von 40m des Flußes nach der Fertigstellung aller Bauarbeiten von Drei-Schluchten-Projekt kann nur den Fuß dieser Berggipfel erreichen. Daher wird das Panorama von Kuimen-Tor herrlich wie früher und das Wesentliche des Geisterfeegipfels in Höhe von 900m kann auch nicht dadurch beeinträchtigt werden. Der östliche Abschnitt von Westgrabschlucht wird relativ im Original gehalten und die Szene, was der ehemalige Vorsitzende Mao beschrieben hat "Und weiter bauen wir nach Westen zu am Strom die Steinwand, unterbinden den Regen, der vom Wu-Berg kommt, so daß die Steilen Klippen aufragen über ebenem See. die Fee mag bleiben, die sie war, sie wird doch aufschrecken: denn die Welt ist anders geworden." wird wie früher auftauchen.

Nach der erfolgten Wasserspeicherung im Stausee von Drei-Schluchten wird die Fläche der Landschaftszone von Dre-Schluchten beträchtlich erweitert und darher werdden viele Sehenswürdigkeiten wegen der Wasserstanderhöhung touristisch würdiiger. Wenn auch der Fluchtgefühl von kleien drei Schluchten des Daning-Flußes beeinträchtigt wird, können seine Nebenflüße wie Madu-Fluß, Shenong-Bach und Xiangxi-Bach wegen der Wasserstanderhöhung noch reizender erscheinen, denn dadurch werden die kleinen drei Schluchten von Madu-Fluß gebieldet und die Reisenden können über dem Shenong-Bach und Xiangxi-Bach, diese Beiden aus gleichem Ort wie Daning-Fluß entspringen, die erschütternde Landschaft des Flußes am eigenen Leib erfahren und aus den drei Schluchten direkt in die geheimnisvolle Landschaftszone von Shenong-Wald treten, um eine Expedition in dieder Urwald zu unternehmen. Zu den Sehenswürdigkeiten "Himmeldsgrube und Erdspalte sowie zu der Gaolan-Landschaftszone kann man statt des gewundenen Bergpfades die Schiffahrt nehmen.

Der Hochpunkt des Tourismus bei Drei-Schluchten ist selbstverständlich die Drei- Schluchten-Wasserbauanlage. Auf dem Kopf des Staudamms wird man sich gegesichts des donnerden Lärmes von Wasserabfluß fragen: was ein Fluß, der das Gehalt an so schwerbeladene Kultur hat? Und was ein Gebiet, das sich mit so vielen klügen Bergen zusammenschließt? Wie soll der Stauseedamm seine enorme Energie ausbrechen lassen, wenn so schwerbeladene Kultur und Klügheit von Bergen im Stausee von Drei-Schluchten zusammengefloßen sind? In dieser Energie könnten wir das Gewicht von unseren Vorkommen chinesischer Nation, Gewicht von Historie und Gewicht von Flüßen und Bergen berühren.

Durch die Errichtung der Wasserbauschlüßelanlagen von Drei-Schluchten werden nicht nur die touristische Ressourcen im Drei-Gebiet effekt geschützt und auch wird eine neue Lebenskraft für die touristische Entwicklung gebracht, so daß das Tourismus von Drei-Schluchten im Niwana dem neues Leben bekommen wird.

Geisterfeegipfel

Der Shennu Gipfel(der Gipfel der Fee)

Frühling von Drei-Schluchten

Touristische Landschaft von neuen Drei-Schluchten

Sommer von Drei-Schluchten

Herbst von Drei-Schluchten

Herbst von Drei-Schluchten

Winter von Drei-Schluchten

Landschaftszone von Teufelstadt (Fengdu,Chongqing)

Qutang-Schlucht/Landschaftszone von Baidi-Stadt (Fengjie,Chongqing)

Touristische Landschaft von neuen Drei-Schluchten

Kleine Drei-Schluchten des Daning-Flußes (Wushan-Berg, Chongqing)

Hauptsehenswürdigkeiten innerhalb der Stauseezone bei Drei-Schluchten

Landschaftszone, von Shennong-Bach, wo man sich von dem Wasser treiben lassen kann (Badong, Hubei)

Landschaftszone bei Großdamm von Drei-Schluchten(Yichang, Hubei)

Touristische Landschaft von neuen Drei-Schluchten

三峡工程
CHINAS
中国 Drei-Schluchten-Projekt

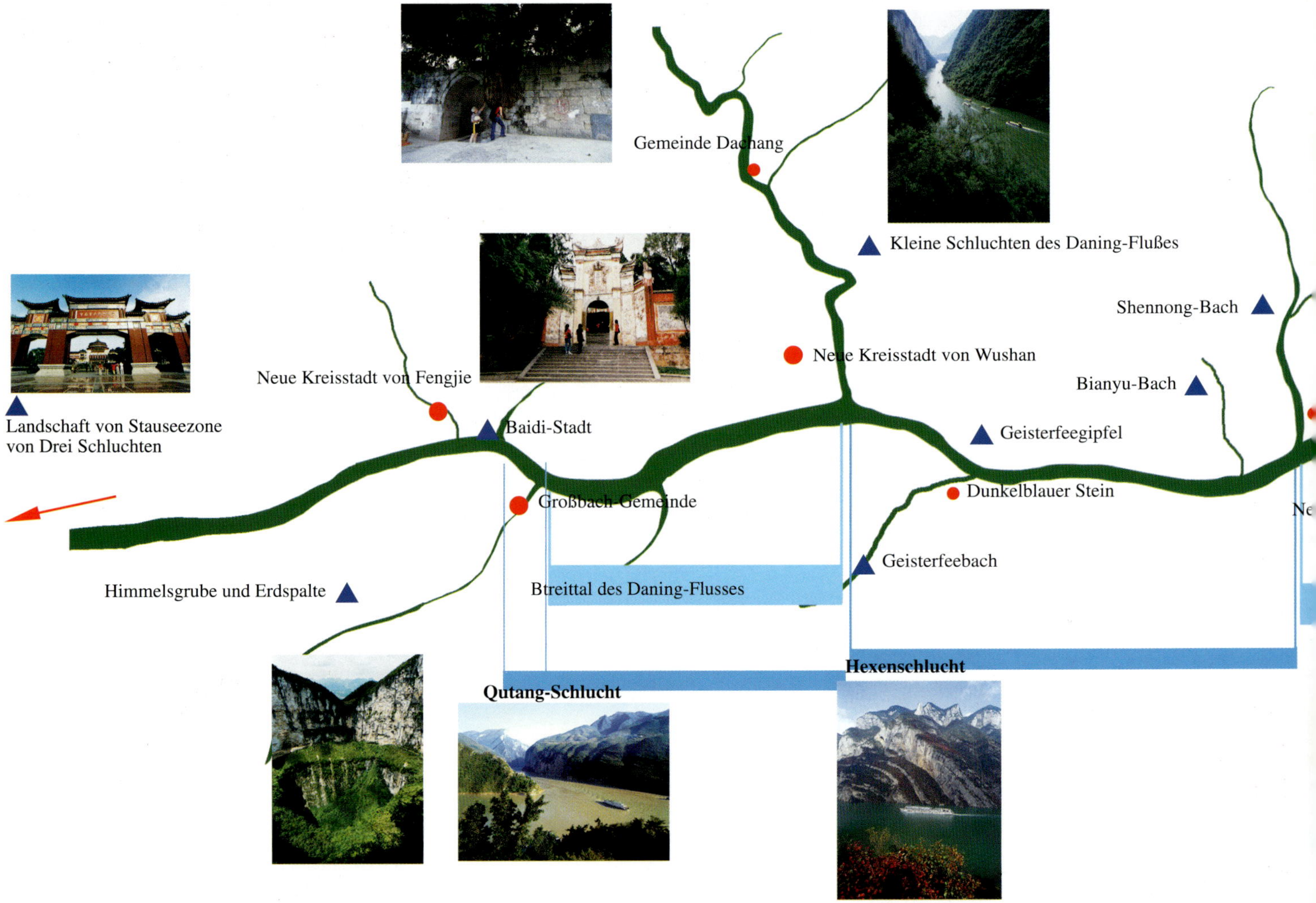

Lageplan von Sehenswüdigkeiten bei Drei Schluchten des Changjiang-Flußes

Geographical Position Map of the Yangtze Three Gorges in China

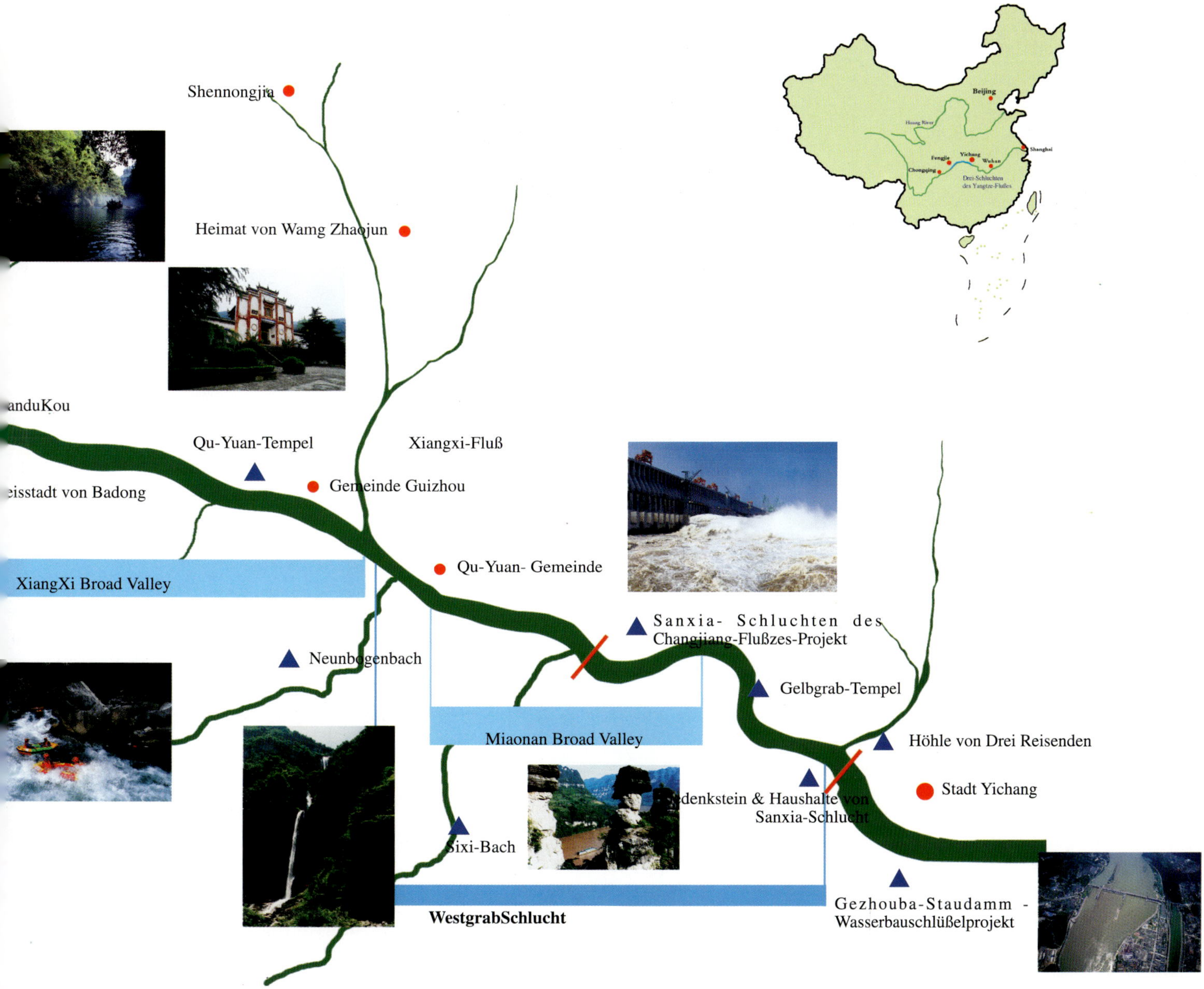

图书在版编目(CIP)数据

中国长江三峡工程／卢进主编.—武汉：长江出版社，2006.3

ISBN 7-80708-120-1

Ⅰ.中…　Ⅱ.卢…　Ⅲ.三峡工程—概况—德文
Ⅳ.TV632.71

中国版本图书馆 CIP 数据核字(2006)第 020194 号

主　　编：卢　进

责任编辑：高　伟
装帧设计：朱红霞

摄　　影：卢　进　黄正平　王连生
　　　　　杨铁军　闫　伟　肖佳法
　　　　　徐　洪
翻　　译：深圳市译博士翻译公司
地图绘制：李继宏

出版发行：长江出版社
印　　刷：深圳市精典印务有限公司
开　　本：889mm × 1194mm　1／20
印　　张：6.6
版　　次：2006 年 3 月第 1 版第 1 次印刷
发行电话：13907208526
E-mail：X6192@126.com
ISBN　7-80708-120-1/TV.32
定　　价：138.00 元